宝贝健康喂养计划

《妈咪宝贝》杂志社 编

中国妇女出版社

目录 · CONTENTS

第一章 要给宝宝添加辅食了,你准备好了吗

1. 为什么要添加辅食 /2
   （1）0~12个月是宝宝生长发育的重要阶段 /2
   （2）关键的转奶期 /2
2. 宝宝要健康，辅食很重要 /2
   （1）满足宝宝的营养需要 /2
   （2）锻炼宝宝的饮食技能 /2
   （3）培养宝宝良好的饮食习惯 /3
   （4）断奶≠断乳品 /3
3. 什么时候开始添加辅食 /3
4. 添加过程要循序渐进 /3
5. 辅食添加的顺序 /4
6. 宝宝的健康喂养计划 /4
   （1）一阶段宝宝的健康喂养计划 /5
   （2）二阶段宝宝的健康喂养计划 /6
   （3）三阶段宝宝的健康喂养计划 /7
7. 妈妈的困惑 /7
   （1）选择市售的米粉还是自己家制的辅食？/7
   （2）第一餐给宝宝吃蛋黄好不好？/8
   （3）自己做鱼肉粥给宝宝，还有必要选择市售的米粉吗？/8
   （4）宝宝不吃米粉怎么办，为什么？/9
   （5）冲调米粉，越稠越好吗？/9
   （6）添加辅食后，宝宝出现便秘怎么办？/9
   （7）有滋有味，宝宝爱吃吗？/9
   （8）怎样才能让宝宝吃更多的食物？/9
   （9）6~8个月宝宝的胃口越来越大了，可以给他吃粥和面条吗？/10
   （10）您了解如何避免宝宝过敏吗？/10

第二章 6~7个月 宝贝开始长牙了

芹菜水 /12
新鲜果蔬汁 /13
香蕉苹果泥 /14
胡萝卜果泥 /15
营养专家小贴士：熟吃胡萝卜营养小知识 /15
红枣蛋黄泥 /16
营养专家小贴士：给宝贝吃鸡蛋3提示 /16
草莓奶糊 /17
营养专家小贴士：预防宝贝贫血小妙招 /17
鱼肉香糊 /18
鸡肉鲜奶糊 /18
果味奶粥 /19
香蕉奶味粥 /19
草莓燕麦糊 /20
香甜南瓜粥 /21
营养专家小贴士：维生素B_2对宝贝的健康作用 /21
香蕉绿豆粥 /22
蛋黄豆腐粥 /23
鸡肝烂粥 /23
鸡肉木耳粥 /24
蜜汁胡萝卜 /25
营养专家小贴士：防治宝贝便秘的5点提示 /25
苹果薯团 /26
鳕鱼鸡蛋布丁 /27
花豆腐 /27
鳕鱼鲜奶蒸豆腐 /28
薯泥蛋羹 /29
鲜虾鸡蛋羹 /30
蛋黄羹 /31
蛋黄汤 /31
蛋黄豆糊 /32
营养专家小贴士：吃蛋黄防止缺铁性贫血 /32

菠菜烂粥 / 33
蔬菜猪肝粥 / 34
蔬菜鸡肝粥 / 35
香滑蛋黄鳕鱼粥 / 36
营养专家小贴士：添加辅食不可忽视宝贝的心理健康 / 36
黄金翠玉粥 / 37
胡萝卜猪肝粥 / 38
黑芝麻糊粥 / 39
鳕鱼豆腐羹 / 40
嫩滑豆腐羹 / 41
四色肝末 / 42
南瓜浓汤 / 43
红枣泥 / 44

第三章 8~9个月 宝贝，开饭了

鲜果时蔬汁 / 46
胡萝卜蔬菜汤 / 47
营养专家小贴士：如何避免宝贝缺锌 / 47
鱼米糊 / 48
蛋黄豌豆糊 / 49
清暑凉瓜粥 / 50
营养专家小贴士：夏天喂养宝贝小妙招 / 50
蔬菜小米粥 / 51
芹菜小米粥 / 52
芋头粥 / 53
菠菜大米粥 / 54
芝麻糙米粥 / 55
菠菜蛋黄粥 / 56
营养专家小贴士：精米精食&宝贝视力发育 / 56
番茄肉泥 / 57
山药枣泥 / 58
蜜桃红豆泥 / 59
西瓜酸奶 / 60
翡翠鸡蓉 / 61
水蒸蛋糕 / 62

芝麻豆腐 / 63
炖鱼泥 / 63
虾末菜花 / 64

第四章 10~11个月 健康的辅食帮助宝宝长得更好

胡萝卜丝汤 / 66
番茄鱼汤 / 67
牛肉冬菇粥 / 68
奶味木瓜泥 / 69
香香酥肝丁 / 70
番茄马铃薯鱼 / 71
营养专家小贴士：烹调蛋白质食物小常识 / 71
牛奶蛋 / 72
营养专家小贴士：避免宝贝缺乏维生素B_1的小妙招 / 72
番茄肝末 / 73
豆腐肉末 / 74
肉末卷心菜 / 75
胡萝卜肉末羹 / 76
南瓜饼 / 77
番茄饭卷 / 78
营养专家小贴士：给宝贝多吃番茄可促进生长发育 / 78
素炒菠菜 / 79
苹果鸡肉粥 / 80
营养专家小贴士：如何给宝贝补充核黄素 / 80

第五章 1岁以上 可以和爸妈一起吃饭了

猪肝小丸 / 82
胡萝卜翡翠炒饭 / 83
甜杏冰糖水 / 84
胡萝卜鱼丸汤 / 85
营养专家小贴士：维生素A 对抗感染具有重要作用 / 85
什锦蛋汤 / 86
什锦蔬菜肉汤 / 87
奶香虾菜泥 / 88

洋葱虾泥 / 89
鸡肉南瓜泥 / 89
鱼泥馄饨 / 90
营养专家小贴士：宝贝2岁前不宜过多吃巧克力 / 90
果仁橘皮粥 / 91
红薯苹果泥 / 92
火腿莲藕粥 / 93
核桃仁香粥 / 94
瘦肉蓉粥 / 95
花菜鲜肝粥 / 96
红豆大米软饭 / 97
奶果蜜饭 / 98
水果甜香饭 / 98
胡萝卜番茄饭卷 / 99
营养专家小贴士：巧摄维生素C小妙招 / 99
蛋皮鱼卷 / 100
鱼肉小饺子 / 101
蛋皮寿司 / 102
山药水果沙拉 / 103
玉米饼蔬菜沙拉 / 104
营养专家小贴士：蔬菜摄入不足&"情绪不稳定儿童" / 104
白绿菜花虾粒 / 105
奶香玉米饼 / 106
鲜虾沙拉蛋 / 107
五彩鲜果串 / 108
番茄蛋片 / 109
营养专家小贴士：儿童时期多吃水果可防成年后患癌 / 109
土豆擦擦 / 110
肉末番茄蛋 / 111
奶味鸡肝 / 112
番茄鱼柳 / 113
蛋花鱼 / 114
营养专家小贴士：多吃蔬菜也能帮身体补钙 / 114
清蒸豆腐丸子 / 115
营养专家小贴士：让宝贝不挑食的小妙招 / 115

胡萝卜鱼丸汤 / 116
芙蓉鱼羹 / 117
玉米排骨粥 / 118
番茄荷花 / 119
奶酪胡萝卜沙拉 / 120
虾末菜花 / 121
奶香缤纷煎蛋 / 122
营养专家小贴士：宝贝缺了维生素A会怎样 / 122
鲜奶鱼丁 / 123
酥炸肝末 / 124
鸭蛋蛎肉 / 125
美味野兔肉 / 126

第六章 2岁以上 让宝宝好好吃饭

果泥凉糕 / 128
酸甜小肉丸 / 129
青椒鱼仁 / 130
清暑优酪乳 / 131
营养专家小贴士：宝贝夏季喂养要点 / 131
番茄沙拉 / 132
美味鱼头汤 / 133
番茄肉末蛋 / 134
鳝鱼火腿丝 / 135
肉末番茄 / 136
鲜鲜虾丸面 / 137
营养专家小贴士：提醒妈咪！不宜给3岁以下的宝贝饮茶 / 137

附 录

1.0~15个月宝宝智能发育监视图 / 138
2.儿童生长发育量表 / 139
3.微量元素检测表 / 139

第一章

要给宝宝添加辅食了，你准备好了吗

1. 为什么要添加辅食

宝宝4~6个月后，单纯的母乳喂养或配方奶粉喂养已不能满足其生长发育需要，这时是添加辅食的关键时期，添加辅食不仅有营养学的意义，而且对宝宝咀嚼功能的发育、如何学"吃"和良好饮食行为的培养均有重要意义。咀嚼功能发育完善对语言能力（构音、单词、短句）的发育也有直接的影响。许多转奶期辅食添加不好的宝宝，在以后的语言发育方面可能会有些障碍。

（1）0~12个月是宝宝生长发育的重要阶段

第一次抬头，第一次坐起，第一次爬行，第一次站立……都表示着宝宝正在逐渐长大。更重要的是，每一次的变化，都在向妈妈表达宝宝已经进入生命的不同发育阶段了。宝宝需要更多的营养、能量来支持他们的快速生长。

（2）关键的转奶期

母乳营养全面均衡，含有婴儿成长必需的各种营养素，是宝宝最好的食物。

宝宝在出生后的第一年生长发育非常迅速，6个月时体重可达出生时的两倍，每天所需的奶量达1000毫升。但是小宝宝的胃容量有限，只有150毫升左右，不可能无限制地增加奶量，必须增加一些浓缩的营养丰富的食物来补充能量和营养素的不足，这些母乳之外的食物就是辅助食品(辅食)。

及时正确地添加辅食对宝宝的健康成长很重要！

2. 宝宝要健康，辅食很重要

（1）满足宝宝的营养需要

我国0~4个月婴儿在身高、体重、头围等方面与世界卫生组织公布的国外同龄孩子生长发育指标基本相同，但在4~6个月以后则逐渐落后于发达国家标准，辅食添加不当是主要原因之一*。

铁缺乏会造成缺铁性贫血，影响婴幼儿的体格及脑部发育。我国大约40%~60%的6~24个月大的婴幼儿，因铁缺乏而有遭受大脑发育损害的危险**。及时添加含丰富铁以及促进铁吸收的维生素C的辅食，可以帮助宝宝健康成长。

碘对婴幼儿脑部发育至关重要。因地域及饮食原因，婴幼儿碘摄入不足比较常见，因此婴幼儿非常需要补充强化了碘的辅食。

参考资料：*国务院妇女儿童工作委员会办公室与中国儿童中心联合开展的 "中国十城市0~6岁儿童健康状况调查"

** 摘自联合国儿童基金会发布的最新微量营养元素缺乏损害报告

（2）锻炼宝宝的饮食技能

小宝宝从4~6个月开始味觉逐渐形成，牙齿萌出，胃肠道的消化吸收功能也逐渐成熟，可以逐步接受半固体(米糊)的食物。及时添加辅食，可以促进小宝宝消化吸收功能的发育，有效锻炼咀嚼吞咽协调能力。您知道吗？口腔运动、口舌活动可以训练舌头的灵活度，有益于宝宝语言发展。在儿科门诊中发现，辅食喂得不好的宝宝在语言发展上通常比较慢。

（3）培养宝宝良好的饮食习惯

让小宝宝学会用碗和小勺子独立进食，不仅可以顺利与成人一同进食，还可以从尝试多种口味的食品中获得乐趣，进而避免偏食、挑食！

（4）断奶 ≠ 断乳品

有些妈咪一听说断奶，就以为是宝贝每日三餐都吃五谷杂粮，以后再不需要进食乳类或乳制品了。其实，事实并非这样。断奶只是指宝贝从6个月开始添加辅食，慢慢地从以母乳为主要食品的喂养，逐步过渡到由母乳以外的食品喂养为主，而不能理解为是突然用母乳以外的食品代替母乳，更不能认为是完全断掉其他乳品。每天还应该给宝贝至少提供250毫升的牛乳之类的乳品，同时再吃些鱼、肉、蛋类食物。这样，既能满足宝贝生长发育的需求，又适合宝贝的消化能力。

3.什么时候开始添加辅食

每个小宝宝的生长发育情况不尽相同，开始喂哺辅食的时间也不能一概而论，您可以咨询医务人员，他们将会指导您什么时候及怎样给您的小宝宝开始添加辅食。

- 如果母乳不足，或者宝宝生长较快，就应该早一些添辅食。
- 若宝宝患病，或天气太热，可以稍推迟些。
- 太早开始添加辅食，宝宝的肠胃还未发育成熟，影响消化吸收，易对某些食物过敏，还有可能因能量摄入过多而肥胖。
- 太迟开始添加辅食，宝宝会懒于咀嚼，培养他养成良好的饮食习惯就比较困难，还很有可能造成宝宝的营养不良。

以下4种迹象作为宝宝可以添加辅食的参考：
- 体重达到出生时的2倍，至少6千克以上。
- 开始经常流口水。
- 颈部开始有力，在协助下可以坐起来，头可以稳定。
- 在两餐之间很快就感到饥饿，对奶以外的食物显示出兴趣；大人吃饭时，会用小手去抓；当尝试把食物放在他的舌头上，会吞咽下去，并表现出愉快的情绪。

恭喜您：这表明您的小宝宝已经进入生命中又一个新的阶段，应该喂他辅食了。

4.添加过程要循序渐进

宝宝的消化功能发育不够完善，对新食物的适应能力较差，易发生消化功能紊乱，因此建议在添加辅食时遵循以下各项原则，不能操之过急。

- 添加新食物要从小量开始，如添加蛋黄应从1/4个开始；添加鱼泥、肉末从一茶匙开始。小宝宝能吃多少吃多少，要看他的胃口来定，千万不要操之过急。
- 食物应从稀到稠、从细到粗，如先喂米糊，再喂稀粥、稠粥到烂饭；蔬菜则先喂细菜泥、粗菜泥再吃碎菜。
- 新食物应一样一样添加，习惯一种后再添加另一种。一般每种食物需试吃4~7天，试吃阶段观察宝宝的大便和食欲以及有无过敏，若都正常才可添加另一种食物或加量。
- 在宝宝健康时添加新食物。宝宝患病时，通常食欲减退，消化功能下降，因此在宝宝身体不适的情况下添加新食物，宝宝常不能适应。
- 用小匙喂。添加辅食的同时也是训练宝宝口腔运动的时机，因此任何辅食都必须用小匙喂。但宝宝常会在喂新食物时出现不愿吃、用舌头顶出或哭吵，这是宝宝正常的自我保护反应，并不意味着宝宝不喜欢吃，只要坚持喂，一般在15次以后宝宝都会接受。

● 宝宝对食物的爱好和适应能力有较大的个体差异。因此辅食添加的时间、数量、接受程度的快慢都因人而异，需要灵活掌握。

● 刚开始尝试新食物时，可能会有拒绝的表现（如将食物吐出），这是正常现象，因为小宝宝对新的食物很好奇，会用舌头玩弄。专家提示：小宝宝接受一种新口味往往需要尝试10次以上，因此您需要耐心，直到他习惯新的口味。

● 每隔3~5天，再让小宝宝尝试一种新的食物。这样小宝宝的消化系统才有时间调整，同时也让您有时间观察小宝宝对新食物有没有过敏反应。

● 不要让小宝宝吃过甜或过咸的食物；避免给小宝宝吃容易哽喉的食物。

5.辅食添加的顺序

辅食添加一般在 4~6个月开始
首先添加营养米粉，因为它易消化，且不容易引起过敏，以后逐渐添加蛋黄、菜泥、果泥，有过敏史的宝宝可延迟添加蛋黄。

▶ **6个月后**
可逐渐增加鱼泥、肝泥、稀粥、面条等。

▶ **7个月后**
添加肉泥、蒸蛋、豆腐和可用手指掰着吃的食物，如饼干、烤馒头片、胡萝卜条等。

▶ **9个月后**
稠粥、带馅食品、粗菜泥、豆制品等。

添加辅食的顺序也有个体差异，应根据具体情况进行，不要急于求成，一般在4~6个月每天只需添加1次辅食，6~12个月则添加2~3次，主食以奶制品为主。

6.宝宝的健康喂养计划

0~1岁是宝宝生命最旺盛的时期。这段时期是宝宝身体、心理飞速发展的阶段。如果给宝宝添加辅食的时机掌握不好，太早或太晚，都会对宝宝的生长发育带来不利影响。

0~4个月的宝宝消化系统发育尚不完善，尤其是消化酶系统功能不完善，过早添加辅食会增加宝宝的胃肠道负担，使宝宝消化不良及吸收不良。辅食添加过晚，宝宝所需的营养素不能及时得到补充，会减缓生长发育的速度，甚至造成抵抗力下降、营养不良等，进而影响宝宝的生长发育。

发育阶段	新生儿（0~1月）	抬头（2~3月）	在支持下坐（4~6个月）	独立的坐（6~8月）	爬（8~10月）	开始学走路（10~12）	独立学步者（12~14月）
宝宝在做什么？	头部需要支持	很有技巧地控制头部	在支撑下坐着趴着，抬起并支撑头部	独立的坐 可以用手抓小的物品 向调羹或食物倾斜	学习爬行 努力使自己站立	努力站立 独立的蹒跚学步	自信的走路 跑步
宝宝在说什么？	▪肚子饿时：哭闹或张大嘴巴 ▪吃饱时：会吐出乳头或睡着	▪肚子饿时：微笑或发出咕咕声 ▪吃饱时：会吐出乳头或睡着	▪肚子饿时：向前倾斜以够到汤匙 手朝着食物挥动 ▪吃饱时：将头从调羹方向转开 易被周围的声音吸引	▪肚子饿时：会抓调羹 会指向食物 ▪吃饱时：会吃的很慢 紧闭嘴巴或推开食物	▪饥饿时：用声音或手指示食物 看到食物很兴奋 ▪吃饱了：把食物推开 吃的慢下来	▪用声音或单词表示特定的食物 ▪吃饱时，摇头来表示"不要了"	▪将语言和姿势相结合，指出想要的食物 ▪会说像"好了"和"下来"这样的话 ▪玩弄食物，当吃饱了，还会扔食物
宝宝怎么吃？	▪吸吮母乳 建立吸-咽-呼吸的模式	▪母乳喂哺 ▪吸吮时舌头前后移动	▪舌头前后移动，学习吞咽泥状食物 ▪还不习惯吞咽食物，容易将食物推出 ▪认识汤匙，并且当汤匙靠近时会张嘴	▪学习接受稠的果蔬泥 ▪将食物抓进自己的拳头，会将食物从一只手传到另一只手 ▪会从别人拿着的杯子里喝水	▪移动舌头，使食物在嘴里传动，将其碾碎 ▪吃饭时，玩弄汤匙，但还不会喂自己 ▪独立的拿起宝宝杯	▪熟练地咀嚼 ▪使用吸管喝水 ▪咀嚼不同质地的食物 ▪想要用汤匙喂自己	▪有技巧地咀嚼和吞咽坚硬的食物 ▪使用汤匙并且很少洒出来 ▪可以拿起和放下杯子
应该记住的营养	母乳中的营养能帮助宝宝身体和心理发育	妈妈应该吃更多种类的食物，宝宝可以从乳汁中品尝不同的食物味道	婴幼儿米粉 1阶段婴幼儿食品	婴幼儿米粉 2阶段婴幼儿食品	婴幼儿米粉 3阶段婴幼儿食品	婴幼儿米粉 成长系列婴幼儿食品	婴幼儿米粉 成长系列婴幼儿食品 成人食品

（1）一阶段宝宝的健康喂养计划

第一阶段宝宝的进步集中在4~6个月内。但每个宝宝因人而异，聪明的妈妈能跟随宝宝的指引，抓住宝宝获得良好营养的最佳时机，适时添加食物，为宝宝提供足够的营养。所以关注宝宝的生理特征及营养需求尤为重要了。

这一阶段，宝宝需要更多的营养来支持生长发育的需求。在4个月之内，母乳供给的能量基本能够满足宝宝的需求。然而，6~9个月之后母乳供给的能量逐渐只能满足宝宝60%左右的营养需求。这一时期，液体食物作为唯一的食物来源已经不能够提供宝宝足够的能量。宝宝需要从固体食物中获得天然和充足的营养！

您可以为您的宝宝添加1阶段食物了，当您发现他/她可以：

- 依偎在您怀中独自支持其头部 ▶ 颈部肌肉发育(包括咀嚼肌和吞咽肌)，可以学习吞咽了
- 开始流口水 ▶ 唾液淀粉消化酶开始分泌，可以适应米粉类碳水化合物了

但是，宝宝消化系统尚未发育完全，仍处于萌芽阶段。这一时期，宝宝的胃容量小，胃消化液少，促进消化、吸收的胃蛋白酶活性较成人低，直至3岁以后才能逐渐接近成人水平。因此提供给宝宝易于消化吸收的营养是喂哺的关键。

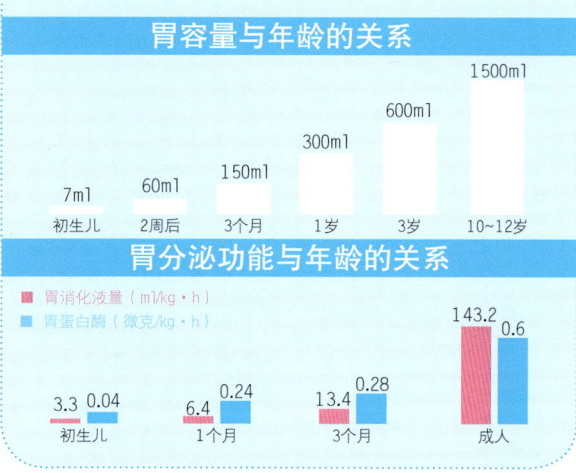

（2）二阶段宝宝的健康喂养计划

宝宝这一进步集中在6~8个月内。但每个宝宝因人而异，妈妈要仔细观察宝宝的生长发育，适时添加食物。

这个时期，您可以开始为宝宝尝试肉泥等荤菜及菜泥、果泥等营养食品了！

6~8个月宝宝的生理发育特征：宝宝消化系统仍然未发育成熟。这一时期：宝宝的胃容量小，胃消化液少，促进消化、吸收的胃蛋白酶活性较成人低，胆汁分泌少，直至3岁以后才能逐渐接近成人水平。因此帮助宝宝消化吸收营养尤为重要。科学证明，婴幼儿期宝宝的消化系统发育不成熟，还不能良好的吸收营养，需要妈妈更多的呵护。选择优质易消化的婴幼儿食品至关重要！

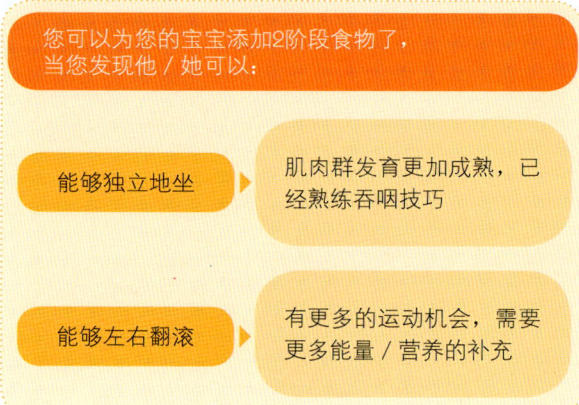

● 随着宝宝月龄的增加，活动量也逐渐增大，因此需要更多的能量确保宝宝活动和发育的需要。米粉主要是由碳水化合物组成，提供给宝宝所需的能量。

● 宝宝已经开始分泌唾液淀粉酶，可以消化米粉，米粉最不容易因不消化而引起过敏。

● 米粉类食物的添加，可以帮助宝宝逐渐从液体食物向固体食物过渡，掌握吞咽的技巧。

● 可以帮助宝宝的牙齿萌发，促进肠胃道的发育和完善。

每天喂宝宝5种不同颜色的蔬菜和水果

最新美国科学研究表明：宝宝在0~2岁时吃的食物种类越多，未来接受的食物品种就越丰富。营养学家推荐：每天给宝宝喂5种或更多种不同颜色的蔬菜和水果。

天然食物含有人类所需的最好的各种营养素！医学营养界认为：相对于人工添加的各种营养素，天然食物中含有的天然营养素更安全、更容易吸收，利用率也更高；而且各种天然营养素在宝宝体内自然消化、吸收、利用的过程中会相互作用，衍生出宝宝所需要的其他营养素，更有利于宝宝的健康！

颜色	功能	选择
黄色/紫色	抗氧化，增强中枢神经系统，预防心血管疾病；	茄子、葡萄、草莓、梅子
黄色/橙色	促进铁吸收，预防缺铁性贫血，增强抵抗力；	甘薯、南瓜、橙子、桃子、菠萝
白色	抗过敏，增强抵抗力；	土豆、香蕉、梨、洋葱
红色	抗氧化，预防心血管疾病；	苹果、西红柿、西瓜、草莓
绿色	降低视网膜退化性疾病发生。	菠菜、西蓝花、青豆、豌豆、奇异果

（3）三阶段宝宝的健康喂养计划

这一阶段的宝宝，除了要继续熟悉各种食物的新味道和感觉外，还应该逐渐改变食物的质感和颗粒大小，逐渐从泥糊状食物向幼儿固体食物过渡，以配合宝宝的进食技巧和胃肠功能的发育，使辅食取代一顿奶而成为独立的一餐；同时锻炼宝宝的咀嚼能力。

8~10个月宝宝的生理发育特征：这一阶段宝宝的消化能力已有一定基础，但辅食添加仍要遵循从少量到多量，每次加一种，逐渐增加的原则。宝宝的食物中依然不宜加盐或糖及其他调味品；因为盐吃多了会使宝宝体内钠离子浓度增高，8~10个月的宝宝的肾脏功能尚不成熟，不能排除过多的钠，使肾脏负担加重；另一方面钠离子浓度高时，会造成血液中钾的浓度降低，而持续低钾会导致心脏功能受损，所以这个时期宝宝尽量避免使用任何调味品。

从8个月开始，宝宝便逐渐长出牙齿来了，这时给宝宝软面包或脆饼干可训练他的咀嚼能力。

除此之外，维生素A、维生素D、维生素C是构成牙釉质、促进牙齿钙化、增强牙齿骨质密度的重要物质；蛋白质、钙、磷是牙齿的基础材料，在出牙期间，乳类、排骨汤、菜汁、果汁是不可缺少的辅助食物。

7.妈妈的困惑

（1）选择市售的米粉还是自己家制的辅食？

有些家长认为小宝宝吃市售的米粉和自己家制的辅食（粥、烂面条）都是一样的，其实不然。要知道宝宝在一年之内，体重会增长两倍，如此快的生长发育速度就要求提供充足的营养。4~6个月宝宝的胃容量约150毫升，辅食的添加势必造成母乳摄入量下降，所以如果辅食营养不充足就会引起某些营养素的缺乏。

家制米粥中只含有淀粉及少量的维生素，而宝宝发育所需的微量元素含量却非常少，根本不足以满足生长所需。而且，家制辅食在烹调过程中，不可避免地会丢失部分营养素。此外，我们知道，为了保证营养元素的充分吸收，营养素之间的合理搭配也很重要，例如，钙的吸收需要维生素D，铁的吸收需要一定比例的维生素C，家制的食物就很难做到各种营养素之间的比例均衡。

辅食添加应选市售米粉

米粉米粥营养对比表

营养素作用			100克营养米粉*	100克普通米粉** 由普通大米磨制而成
提供生长发育的物质基础	能量	卡路里	381	346
	蛋白质	克	6.4	0.4
	脂肪	克	1.5	0.8
	碳水化合物	克	84	85.8
帮助维持骨骼及牙齿健康	钙	毫克	600	11
	磷	毫克	300	45
	维生素D	国际单位	200~600	—
有益脑部发育	DHA	毫克	16	—
	碘	微克	25	—
帮助视力发育	维生素A	国际单位	1000~3900	—
有益血液系统健康	铁	毫克	8	2.4
	叶酸	毫克	38	—
	维生素B₁₂	毫克	1	—
免疫系统重要因子	锌	毫克	4	0.36
	维生素C	毫克	30	—
	维生素B₆	毫克	0.3	—
帮助肠道健康	膳食纤维	克	5	1.6
参与能量代谢促进机体生长	维生素B₁	毫克	0.56	—
	维生素B₂	毫克	0.32	—
	泛酸	毫克	1.5	—
	生物素	毫克	20	—
	烟酸	毫克	4.8	—

（2）第一餐给宝宝吃蛋黄好不好？

七成父母在给宝宝首次添加辅食时首选蛋黄，另有近两成选择蔬菜，仅一成家长正确选择了谷类。研究发现，过早添加蛋黄容易造成过敏和消化不良，蛋黄中的某些营养成分（例如：铁）不易被婴儿吸收，容易引起皮疹等过敏反应。

最新的研究发现，米粉（谷类食物）比蛋黄更安全，更容易吸收！所以，正确的做法是，在添加了米粉之后，随后添加的是菜泥、果泥。接受了这些不容易过敏的食物以后，在宝宝7个月左右再加蛋黄（注意千万不要放蛋清，因为蛋清比蛋黄更容易导致过敏）。

（3）自己做鱼肉粥给宝宝，还有必要选择市售的米粉吗？

如果妈妈有时间给宝宝准备辅食，那当然很好，不过因为米粥中的营养成分有限（图示），一定要注意给宝宝补充营养素铁、钙等，以及进食维生素C含量丰富的水果、蔬菜泥等，以保证宝宝获得均衡的营养。

50克高蛋白奶米粉与一碗白粥加10克鱼肉的营养价值比较。

热量 足够的热量使婴儿有充沛体力及正常增加体重。奶米粉 200 卡路里 鱼肉粥 81 卡路里

蛋白质 维持正常生长发育，不足则易造成发育不良，以致体格及脑部发育不正常。奶米粉 7.5克 鱼肉粥 3克

钙 对于牙齿、骨骼的发育有帮助，不足会引起佝偻病。奶米粉 300 毫克 鱼肉粥 5.3 毫克

铁 是造血所必需的物质，不足会引起缺铁性贫血，削弱抵抗力。奶米粉 4.0 毫克 鱼肉粥 1.5 毫克

（4）宝宝不吃米粉怎么办，为什么？

刚刚添加米粉时，宝宝可能会吐出，这是宝宝心理上的"恐新"表现，是宝宝一种自我保护的行为。研究发现：小宝宝接受一种新口味往往需要尝试10次以上。家长需要耐心尝试，直到宝宝习惯新事物。

宝宝不愿意吃米粉的另一个重要的原因是爸爸妈妈过早给宝宝含糖和盐的食物。米粉一般是自然口味的，许多配方米粉不添加蔗糖，保持食物自然的甜度，有利于培养宝宝良好的饮食习惯。如果宝宝实在不肯吃，从营养角度考虑，妈妈也可以把米粉放在奶瓶里，跟奶冲调在一起让宝宝吃。

或者在以米粉为营养的基础上适当加一些肉末、蔬菜、肝等来增加口感。

（5）冲调米粉，越稠越好吗？

常听到一些妈妈说同样量的米粉用同样的水冲调时，有的冲出来比较稀，有的比较稠，那是不是越稠营养越高呢？其实不是。有些品牌的米粉是采用特殊的淀粉水解生产工艺（CHE）制成的，目的就是让大分子分解成更小的分子，更容易消化吸收。因为分子小，冲出来的米粉看起来比较稀，但这样同样容积就可以溶解更多的米粉，确保宝宝有限的胃容量摄入更多的食物，以确保足够的营养。

（6）添加辅食后，宝宝出现便秘怎么办？

宝宝在接受新的食物时，容易出现便秘。因此，家长们在给宝宝添加辅食时一定要遵循由一种到多种、由少到多的原则。以婴儿营养米粉为例，对于4个月的宝宝来说，刚开始时喂1~2汤匙即可，2周以后再增加至4~5匙。

另外，冲调米粉时还要注意米粉和水的比例，避免宝宝大便干燥。适当喂哺蔬菜泥及果泥等富含纤维素的食物，也可防止便秘。

（7）有滋有味，宝宝爱吃吗？

这个"关于味道的传说"在小婴儿那里行不通！

在宝宝8个月前，制作辅食时要遵循"少盐、不甜、忌油腻"的原则。和成人相比，婴儿肾脏功能尚不成熟，糖和盐会对宝宝的肾脏造成一定的负担。同时，现代科学研究告诉我们，从小"口重"，成人后患高血压、心脑血管疾病的几率也会随之增加。

此外，甜食会造成肥胖，以后容易出现挑食的坏习惯，不利于好的饮食习惯的形成。

很多米粉不添加蔗糖（白砂糖），有利于培养宝宝良好的饮食习惯！

（8）怎样才能让宝宝吃更多的食物？

● 宝宝感觉饿的时候或想吃的时候，您再给他尝试新食物。

● 你可以从一些传统的食物开始（比如胡萝卜泥，南瓜泥，苹果泥和香蕉泥），然后添加其他新食物。

● 最好逐个地添加新食物，连续观察3~5天，不要同时添加多种新食物，以便观察过敏情况。多次尝试后，宝宝才会喜欢那些蔬菜和水果。

● 当宝宝接触一个新食物时，通常会感觉紧张而拒绝尝试，您需要耐心地等待宝宝接受。您还可以将新食物与熟悉的食物一起添加。

● 让宝宝保持坐姿并面对您而坐，这样更有利于喂食和防止噎住。使用较长柄小勺，避免过近带来的紧张。

● 尊重宝宝的个人喜好。不必为了接受一种新的蔬菜或水果而破坏宝宝对食物的兴趣。您需要给宝宝多次尝试

- 根据宝宝喜欢的速度喂食，如果宝宝想用手摸食物，您可以让他摸，这样能让宝宝更容易接受新食物。
- 建议您花更多的时间帮助宝宝接受食物。市售瓶装的婴儿食品方便、安全、易于携带和富有营养，是您的好选择。
- 每天给宝宝喂5种或更多种不同颜色的蔬菜和水果，品种越多越好。

（9）6~8个月宝宝的胃口越来越大了，可以给他吃粥和面条吗？

看着宝宝慢慢可以吃和我们一样的食物，真是一件激动人心的事。但是，这个时候还不是给宝宝吃成人食物的时候。

宝宝仍然需要专业的婴幼儿米粉，更易消化和吸收的淀粉类食物。

米面类食品的主要成分是淀粉。人类需要淀粉消化酶的帮助才能把淀粉分解为细小颗粒，并消化吸收为能量。宝宝这个时期，消化系统发育还不完全，唾液分泌少，各种消化酶还没有发育至成人水平，仍然不能消化大淀粉颗粒。粥相比米饭已经通过长时间烧煮将一部分淀粉颗粒转化为小颗粒，但仍然有大量淀粉大颗粒存留。

同样数量的粥、面和米粉，宝宝能从专业加工的米粉中消化和吸收更多的营养。

（10）您了解如何避免宝宝过敏吗？

因为婴幼儿的肠道功能发育尚不完善，免疫机制不成熟，消化蛋白质大分子的能力较差，并容易引起食物过敏。

- 6个月的宝宝在熟悉了蔬菜和水果等食物以后，再逐渐添加肉、鱼、蛋类等动物性食物，就不易引起过敏反应了。
- 有食物过敏家族史的婴儿，应推迟添加固体食物的时间，例如：牛奶、蛋白、小麦和大豆，最好在婴儿1岁以后再开始添加。
- 当你给宝宝添加一种新的食物时，仔细观察有无红疹、胃部不适或者呼吸困难。如果宝宝出现这些症状，请迅速与儿科医生联系。

8种容易引起过敏的食物

鸡蛋	牛奶
小麦	大豆
花生	坚果
鱼	贝类

第二章

6~7个月
宝贝开始长牙了

芹菜水
适合6个月以上的宝贝

原料

新鲜芹菜一根，少许白糖。

制作

把锅放在火上，加入适量清水及洗净切碎的芹菜；盖上锅盖烧开，稍煮一下即从火上将锅拿下来；把芹菜及叶捞出用匙压汁即成，可加一点点白糖调味。

营养小秘诀

芹菜中除了富含维生素，钙的含量也很高，可以帮助宝贝摄取钙，有助于预防佝偻病。

新鲜果蔬汁
适合6个月以上的宝贝

原料

黄瓜1根，胡萝卜1根。

制作

黄瓜、胡萝卜切段，在榨汁机里加少量矿泉水，然后加入黄瓜、胡萝卜榨汁，加入少量白糖即可。也可兑牛奶，做成牛奶果蔬汁。给小宝贝喝时，可按1:1的比例兑水。

·小提醒·

黄瓜和胡萝卜除了都富含纤维素外，胡萝卜中还含有大量的胡萝卜素，黄瓜中含有维生素C，不仅可以预防便秘，还有助于促进视力发育，提高免疫力。

第二章 6~7个月 宝贝开始长牙了·13

香蕉苹果泥
适合6个月以上的宝贝

原料

香蕉半根，苹果半个，儿童蜂蜜适量。

制作

先分别将香蕉和苹果刮成泥，然后在这两种果泥中加入少许儿童蜂蜜；放在锅上，隔水大约蒸3分钟，取出晾温后就可以给宝贝喂着吃了。

·小提醒·

苹果和香蕉都可以刺激肠道蠕动，是有效的治疗便秘的食疗品。但宝贝的肠胃还不适合多吃生水果，因为其中所含的酸性成分刺激性强，过多食用会造成腹泻和脾胃失调。

胡萝卜果泥
适合6个月以上的宝贝

原料

新鲜胡萝卜75克，苹果50克，儿童蜂蜜少许。

制作

将胡萝卜、苹果分别洗净、切成碎末；将胡萝卜末放入沸水中煮大约1分钟，待完全成细泥后改小火煨煮；再将碎苹果末倒入胡萝卜泥中，一起煮至烂熟，调入少量蜂蜜即成。

营养小秘诀

这道佳肴既可以帮助宝贝健脾消食，又可使宝贝获取丰富的维生素A及其他营养素。

熟吃胡萝卜营养小知识

营养专家·小贴士

胡萝卜熟吃，要比生吃的效果更好一些，可大大提高吸收利用的价值。比如，把胡萝卜煮熟再捣碎成泥，吸收利用率比生吃时提高四五倍。

在烹调胡萝卜时加上植物油，可大大提高胡萝卜素的吸收和利用。

用油烹调胡萝卜时，采用的方式不同，对胡萝卜素吸收利用的效果也不一样。把胡萝卜切片、切丝油炒后，胡萝卜素吸收利用率为79%，把胡萝卜切片油炸后，吸收利用率为81%，把胡萝卜切块和肉一同炖煮，吸收利用率高达95%。

胡萝卜含有一种极其重要的胡萝卜素，与脂肪作用后可转化为维生素A。胡萝卜还含有大量的木质素、无机盐等多种营养。研究证实，婴儿从小食用熟胡萝卜，可有效预防心脏病和癌症。因此，妈咪在DIY宝贝辅食时，可按宝贝月龄，把富含胡萝卜素的食物搭配其中，这样就能满足宝贝对胡萝卜素的营养需求。

营养小秘诀

蛋黄中含有丰富的铁、维生素A等,可以满足宝贝对铁的需要,也可以保护宝贝的视力;红枣含有丰富的钙、磷、铁、蛋白质等,可以预防癞皮病和坏血病等。

红枣蛋黄泥
适合6个月以上的宝贝

原料

红枣100克,鸡蛋1个。

制作

红枣洗净煮20分钟至熟,去皮、去核后剔出红枣肉;鸡蛋煮熟取出蛋黄,用勺背压成泥状,加入红枣肉搅拌即可。

营养专家小贴士

给宝贝吃鸡蛋3提示

1. 半岁前的宝贝不宜食用鸡蛋清。因为他们的消化系统发育尚不完善,肠壁的通透性较高,鸡蛋清中白蛋白分子较小,有时可通过肠壁而直接进入宝贝血液,使宝贝机体对导体蛋白分子产生过敏现象,诱发湿疹、荨麻疹等疾病。

2. 不宜给宝贝吃煎炸鸡蛋。因为在煎鸡蛋和炸鸡蛋时,蛋被油包住,高温的油还可使部分蛋白焦糊,使赖氨酸及其他氨基酸受到破坏,失去营养价值;食用煎炸鸡蛋,在口腔和胃内还不易和消化液接触,影响身体对营养素的吸收。

3. 宝贝患病发热时不宜吃鸡蛋。因为鸡蛋蛋白食后能产生额外的热量,使身体内热量增加,不利于宝贝的康复。

营养小秘诀

草莓能帮助完善宝贝的胃肠道消化功能、促进视力发育及皮肤健康。并且口味香甜,可以改善宝贝的厌奶情况,一举两得!

草莓奶糊
适合6个月以上的宝贝

原料

草莓粉1包,多种谷粉适量,配方奶200毫升。

制作

把多种谷粉加入配方奶中,溶解拌匀,撒上草莓粉即可。

预防宝贝贫血小妙招

营养专家小·贴士

出生后用纯母乳喂养,这是预防缺铁性贫血的最好方法。虽然母乳中铁含量也不高,但还是较其他乳类高。最关键的是,母乳在肠道吸收得较好,在体内利用率也较高。

在给宝贝进食富含铁的食物时,最好同时吃一些富含维生素C或果酸的水果,这样会使铁的吸收率提高4倍。水果中的橙子、柑橘、柠檬、草莓等维生素C含量较高,蔬菜中维生素C含量较高的是西红柿、黄瓜、柿子椒等。

烹调食物尽量使用铁锅、铁铲。世界卫生组织向全世界推荐,烹饪时最好使用铁制炊具。因为,这种传统的炊具在烹制食物时,会产生一些小碎铁屑溶于食物中,形成可溶性铁盐,易于肠道吸收。

小宝贝出生后6个月,从母体内带来的铁已经基本上消耗完,即使是母乳喂养的宝贝也一样。因此,饮食上要注意为宝贝提供含铁丰富的食物,以防宝贝发生缺铁性贫血。

鱼肉香糊

适合6个月以上的宝贝

原料

海鱼肉50克，淀粉、盐少许。

制作

将海鱼肉切条、煮熟、去骨刺和鱼皮，剁成肉泥状；把鱼汤煮开，下入鱼肉泥，用淀粉略勾芡，用少许盐调味。

（营养小秘诀）

海鱼肉质细腻，含有丰富的蛋白质和珍贵的多不饱和脂肪酸，可促进宝贝大脑发育。

鸡肉鲜奶糊

适合6个月以上的宝贝

原料

奶粉适量，鸡肉粉1袋，多种绿色蔬菜粉1袋。

制作

在用奶粉冲调的奶中，加入1袋鸡肉粉及1袋多种绿色蔬菜粉即可。

（营养小秘诀）

鸡肉粉富含优质蛋白质，有助于提高宝贝的活力，加入含有丰富膳食纤维和天然维生素C的绿色蔬菜粉，帮助宝贝的肠胃道消化吸收，让宝贝更好地吸收营养，增强宝贝的抵抗力，让宝贝过一个暖暖的冬天。

果味奶粥
适合6个月以上的宝贝

原料

苹果50克，麦片50克，婴儿配方奶50克。

制作

先将麦片放入300毫升清水中泡软，再把苹果洗净、切碎；将麦片及浸液一起放入锅中，大火烧开，改成小火继续煮5分钟，直到麦片浓稠适宜，加入碎苹果稍煮一会儿，然后放入婴儿配方奶调匀即成。

营养小秘诀

配方奶中富含钙等多种营养素，加入苹果及麦片既增加了多种维生素，而且口味好，很适合小宝贝食用。但放入婴儿配方奶后不宜再长时间煮，因为会造成其中的营养素丢失。

香蕉奶味粥
适合6个月以上的宝贝

原料

配方奶粉4勺，大米烂粥1碗，香蕉1根，葡萄干碎末10克。

制作

葡萄干切碎；将配方奶粉倒入煮好的大米烂粥里，搅拌均匀；香蕉捣成泥后加入奶粥中，搅匀后撒上葡萄干碎末即可。

·小提醒·

香蕉内含有大量的钾，维生素C的含量也很丰富，具有促进宝贝肠胃蠕动的作用，同时还可以增强宝贝的免疫力。

草莓燕麦糊
适合6个月以上的宝贝

原料

麦片50克，草莓粉1包，水1小杯。

制作

将水烧沸，放入麦片煮2~3分钟，拌入草莓粉即可。

· 小提醒 ·

燕麦中的膳食纤维、磷、铁、维生素B_2较为丰富，能有效促进肠胃消化功能。搭配草莓粉之后，燕麦糊颜色更鲜艳，香味更浓郁，独特的酸甜味道更能增加宝贝进食的兴趣。

香甜南瓜粥
适合6个月以上的宝贝

原料

优质老南瓜、大米。

制作

先将南瓜去皮、洗净并切成1厘米见方的小块；将锅里加水置于火上，开锅后先下入南瓜，待南瓜微烂再将洗净的米倒入锅中，开锅后改小火；45分钟后粥有黏稠感时即可。

营养小秘诀

南瓜中富含维生素B_2，熬煮成粥不仅吃起来甜而不腻，还具有开胃助食的功效，同时有助于训练宝贝的咀嚼和吞咽动作。

维生素B_2对宝贝的健康作用

营养专家·小贴士

人体新陈代谢需要许多酶的参与，维生素B_2是这些酶的组成成分。它可与一些特定蛋白质结合，形成黄素蛋白，成为人体必需的一种生长因子，对生长发育起决定性作用，是宝贝生长发育和维持身体健康不可缺少的一种营养素。

维生素B_2耐热力很强，烹调时不必过分担心含量会损失。不过，维生素B_2对光线特别敏感，特别是紫外线。因此，不要把富含维生素B_2的食物放在阳光照射的地方。一般来讲，人体对维生素B_2的需求量，只要从富含核黄素的食物中摄取也就足够了。如果发生口角炎或舌炎等，则表明长时间没有吃富含维生素B_2的食物。

宝贝生长发育得很快，身体容易缺少维生素B_2，从而引起口角炎、舌炎、脂溢性皮炎、睑缘炎等，因此，妈咪应注意在饮食中让宝贝多补充哟。以下推荐的几款菜肴，都富含维生素B_2，妈咪快来学学厨艺，力争做出宝贝爱吃的富含维生素B_2的菜肴吧！

香蕉绿豆粥
适合6个月以上的宝贝

原料

香蕉粉1包，菜粉1包，绿豆50克，粳米100克。

制作

将绿豆、粳米洗干净，放入锅内，加适量水，先用大火烧，再用小火煎熬成粥；洒入香蕉粉、有机菜粉，搅拌均匀即可食用。

营养小秘诀

绿豆可以清热解毒，解暑止渴，消肿，降脂。香蕉含有的蛋白质中带有氨基酸，具有安抚神经的效果，可以帮助驱散烦躁的情绪，增加愉悦感。同时香蕉中的天然维生素、膳食纤维、微量元素等营养成分，对宝贝的消化功能、视力发育都非常有益。

蛋黄豆腐粥
适合6个月以上的宝贝

原料

熟蛋黄1个，豆腐30克，白米粥1碗。

制作

熟蛋黄压成泥，豆腐搅成豆腐碎；粥加热后，放入豆腐碎和蛋黄泥，煮至沸腾后即可。

小提醒

豆腐搭上蛋黄，味道鲜美，可以给宝贝提供丰富的蛋白质、氨基酸等，很适合宝贝经常食用。

鸡肝烂粥
适合6个月以上的宝贝

原料

鸡肝25克，大米100克。

制作

先将大米洗净，浸泡30分钟，再用文火熬煮1小时；把鸡肝煮熟后压成泥，拌入煮好的烂粥里即成。

营养小秘诀

这道菜肴里的鸡肝含有丰富的维生素A和B族维生素，特别是维生素B$_2$、维生素B$_{12}$含量丰富。

鸡肉木耳粥
适合6个月以上的宝贝

原料

婴幼儿鸡肉粉1包，水发黑木耳50克，白粥1小碗，食盐少许。

制作

木耳用清水泡发后，择洗干净，切碎；锅内白粥煮开后，放入木耳，中火煮熟；加入婴幼儿鸡肉粉，调匀即可。

营养小秘诀

鸡肉有很高的营养价值，含有丰富的优质蛋白质，能增强宝贝体质。

蜜汁胡萝卜
适合6个月以上的宝贝

原料

胡萝卜50克，蜂蜜、黄油各适量。

制作

先把胡萝卜清洗干净、切碎片；锅中少加一些开水，文火煮胡萝卜、蜂蜜和黄油；待胡萝卜软烂成泥即可。

营养小秘诀

胡萝卜中富含维生素B_2，这种做法会使胡萝卜变得甜软、颜色艳丽，能赚足小宝贝的口水。单煮胡萝卜泥拌奶油的效果也相当好，都可以促进身体对胡萝卜素的吸收。

防治宝贝便秘的5点提示　　营养专家小·贴士

除了在饮食上进行调理外，以下方法也可以试试：

1. 在日常的喂养中，妈咪注意增加宝贝的饮水量，可以避免便秘。
2. 妈咪经常给宝宝做一做由肚脐到耻骨的上下按摩，这个方法可以防治便秘。
3. 从宝贝3~4个月起，开始训练每天定时排便的习惯。
4. 宝贝即使每天都排便，但如果排出的便又干又少，同时食欲不佳、腹胀，也可认定为便秘。
5. 如果宝贝便秘多日，又出现腹胀、腹痛、呕吐并伴发烧，应该及时就医，以防发生肠梗阻。

苹果薯团
适合6个月以上的宝贝

原料

红薯50克，苹果粉1包。

制作

将红薯洗净，去皮，切块煮软；将苹果粉倒入红薯中，搅拌均匀，即可食用。

营养小秘诀

苹果具有生津止渴、润肺除烦、健脾益胃、养心益气、润肠、止泻、解暑等功效。研究还表明，吃较多苹果的人远比不吃或少吃苹果的人得感冒的几率低。

鳕鱼鸡蛋布丁
适合6个月以上的宝贝

原料

婴幼儿鳕鱼粉1包，饺子粉30克，鸡蛋1个，花生油和凉开水适量。

制作

先将鸡蛋磕入碗里，加入与鸡蛋等量的凉开水，以及1/3鸡蛋量的饺子粉一起搅匀；加入半包鳕鱼粉继续搅拌；把糊状物倒入小碗，放到锅里蒸10分钟，取出即可。

（营养小秘诀）

鸡蛋的蛋白质中含有人体必需的氨基酸，其组成比例适合人体的需要，同时鸡蛋也是维生素、无机盐的良好来源。再搭配上富含维生素A、维生素D、DHA及优质蛋白质的鳕鱼，更能促进宝贝的视力、骨骼和智力的全面发育。

花豆腐
适合6个月以上的宝贝

原料

豆腐50克，绿色蔬菜粉1包，熟鸡蛋1个，淀粉10克，葱、姜、水各少许。

制作

将豆腐煮一下，放入碗内研碎，加入淀粉、精盐、葱、姜、水搅拌均匀；把蛋黄研碎撒一层在豆腐泥表面，放入蒸锅内蒸10分钟，趁热撒上绿色蔬菜粉，融化后即可喂食。

（营养小秘诀）

这道菜含有丰富的蛋白质、脂肪、碳水化合物，绿色蔬菜中的维生素B_1、维生素B_2、维生素C和钙、磷、铁等矿物质的含量也很高。

鳕鱼鲜奶蒸豆腐
适合6个月以上的宝贝

原料

鳕鱼粉1包,绿色蔬菜粉半包,豆腐半块,配方奶1/2杯,生粉1茶匙,油1茶匙,盐微量。

制作

豆腐冲净,与鳕鱼粉一起放入碗中,加入调味料搅匀,再加入配方奶、生粉、油、盐拌匀,倒入深碟内,隔水以中慢火蒸8分钟,撒入绿色蔬菜粉即成。

营养小秘诀

鳕鱼有极高的营养价值,富含天然维生素A、维生素D、DHA及优质蛋白质。DHA能促进宝贝智力发育,是宝贝成长必不可少的营养成分。

薯泥蛋羹
适合6个月以上的宝贝

原料

生鸡蛋1个，红薯、土豆、山药、芋头中的1种适量。

制作

取蛋黄1个，打匀，加入适量凉开水，稍微搅拌一下；再加入少许已煮熟的红薯泥、土豆泥、山药泥、芋头泥中的1种，搅匀后上锅蒸10～15分钟，按应食用量喂之。

营养小秘诀

红薯又称甘薯、番薯、山芋等，含有多种人体需要的营养物质，其中维生素B_1、维生素B_2的含量分别比大米高6倍和3倍，特别是红薯含有丰富的赖氨酸，而大米、面粉恰恰缺乏赖氨酸；红薯中β-胡萝卜素(维生素A前体)、维生素C和叶酸的含量都很丰富，1个约1两重的小红薯即可满足人体每天所需的维生素A，1个约2两重的小红薯可提供人体每天所需维生素C的1/3和约50微克的叶酸。

鲜虾鸡蛋羹
适合6个月以上的宝贝

原料

野生北极虾粉，鸡蛋一个，少许生抽。

制作

蒸锅里加比较多的水烧开，将鸡蛋敲在碗里，打散。另取一只碗，放相当于鸡蛋量3倍的凉开水，放少许生抽搅匀，慢慢地分几次加入鸡蛋碗里，拌匀，将野生北极虾粉撒在蛋液上，放入蒸锅，大火蒸1分钟，转小火15分钟左右，即成。

营养小秘诀

野生北极虾粉，多精选生长于纯净无污染的北大西洋和北冰洋深海水域的野生北极虾制成，不仅富含天然锌，还有人体必需的8种氨基酸、不饱和脂肪酸等营养成分，营养丰富，口感鲜美。

蛋黄羹
适合7个月以上的宝贝

原料

鸡蛋1个,肉汤200克。

制作

先将鸡蛋煮熟,取出蛋黄,放进碗里捣碎,并加入肉汤研磨至光滑均匀为止;把研磨好的蛋黄放入锅里,一边煮一边搅拌,混合均匀即成。

营养小秘诀

这道蛋黄羹软嫩、鲜香,不仅能引起宝贝的小胃口,还很容易消化吸收。

蛋黄汤
适合7个月以上的宝贝

原料

鱼高汤300克,鸡蛋1个。

制作

鸡蛋打入碗里,用勺子将蛋黄挑出,放入另外的器皿中搅拌均匀;锅内加高汤烧开,将蛋黄倒入煮开的高汤中即可。

营养小秘诀

蛋黄汤是宝贝非常好的滋补品。

蛋黄豆糊
适合7个月以上的宝贝

原料

荷兰豆100克，鸡蛋1个，大米50克。

制作

将荷兰豆去掉豆荚，放进搅拌机里，搅成豆蓉。将鸡蛋煲熟捞起，去壳，取出蛋黄，压成蛋黄泥。大米洗净，在水中浸泡2小时，连水、豆蓉一起煲1小时，成半糊状，再加入蛋黄泥焖煮5分钟即可。

·小提醒·

这道菜含有丰富的维生素A、卵磷脂等营养素，既可补充维生素A，又具有健脑功效。

营养专家·小贴士

吃蛋黄防止缺铁性贫血

在我国，出生后5~6个月之内的宝贝与国外发达国家婴儿相比，身高、体重及健康水平没有太大差别，但到了6个月后就出现了明显差别，如佝偻病、贫血以及某些营养不良的发病率上升得很高，这个现象与没有及时为宝贝添加辅食有关。

缺铁性贫血是6个月至3岁宝贝的常见病，主要原因是由于宝贝在这一阶段生长发育非常快，所以身体需要更多的铁来合成血色素。但如果没有及时添加辅食，尤其是富含铁质的食物，如蛋黄等，而出生前在体内储存的铁，在出生后的4个月左右已基本用尽，因而容易患上缺铁性贫血。

宝贝到了6个月时，就应该开始添加蛋黄了。蛋黄除了可以预防贫血，还可以为宝贝提供丰富的卵磷脂，促进神经系统的发育。

菠菜烂粥
适合7个月以上的宝贝

原料

大米100克，菠菜1根。

制作

大米淘好，加水泡10分钟；菠菜择好、洗净，放开水中煮熟，晾凉后切碎；另取一锅，加水下米熬粥，大火煮开后改小火慢慢煮，待快熟烂时放入切碎的菠菜，煮至黏稠状即可。

营养小秘诀

菠菜不仅富含叶酸，还含有大量的胡萝卜素、核黄素、维生素C、钙等营养素，可为宝贝补充多种营养素。

蔬菜猪肝粥
适合7个月以上的宝贝

原料

白粥一小碗，菜粉1袋，猪肝粉1袋。

制作

将白粥煮得稀烂一些，以便宝贝咀嚼和吞咽，盛出一碗，加入菜粉和猪肝粉，暖意十足的活力宝宝餐就做好啦！快给宝贝尝尝吧！

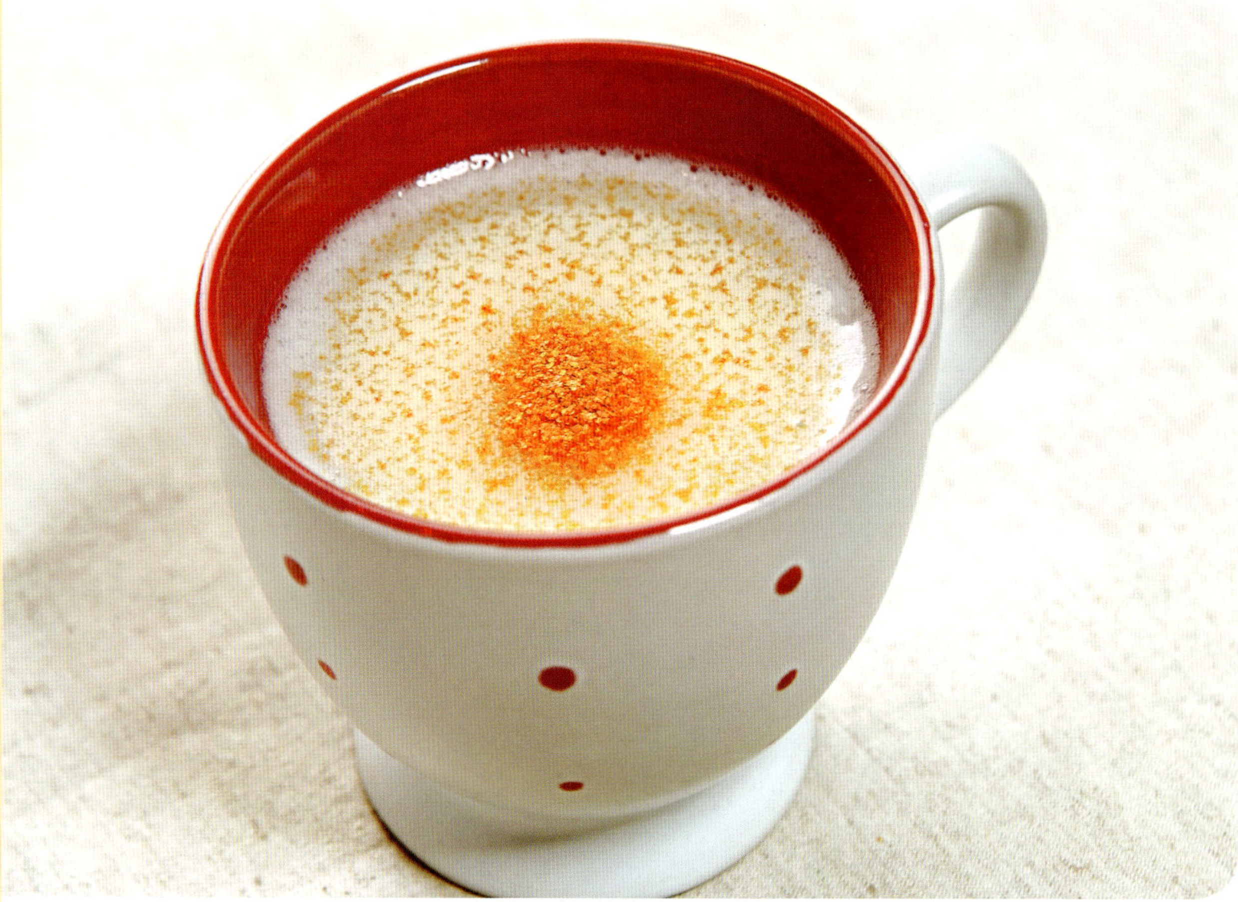

为3岁以下的宝贝添加富含叶酸的食物，有助于促进其脑细胞生长，提高宝贝的智力！

原料

绿色菜粉，熟鸡肝，白粥。

制作

取熟鸡肝研磨成泥状，放进白粥里煲约5分钟，至熟透，加入绿色菜粉即可食用。

蔬菜鸡肝粥
适合7个月以上的宝贝

(营养小秘诀)

绿色菜粉一般是由富含核黄素的蔬菜加工制成，如豌豆、西芹等，与鸡肝粥搭配，易于消化吸收，并可有效补充核黄素，预防宝贝口角炎的发生。

香滑蛋黄鳕鱼粥
适合7个月以上的宝贝

原料

鳕鱼粉，鸡蛋，白粥。

制作

鸡蛋煮熟，取出蛋黄弄碎，把蛋黄放进煮开的白粥里，拌入鳕鱼粉即可。

营养小秘诀

蛋黄中富含铁、磷、维生素等营养成分，多给宝贝食用蛋类，可以补充奶类中铁的缺乏。蛋黄中的维生素A、维生素D和维生素E与脂肪溶解，容易被机体吸收利用。鳕鱼含有天然维生素A、维生素D、DHA、优质蛋白质。把两者配合起来做成美味的辅食，对宝贝的视力、牙齿、骨骼的发育非常有益。

营养专家小贴士

添加辅食不可忽视宝贝的心理健康

妈咪对宝贝从离乳食品中能摄取到多少营养都很在乎，但往往却忽视对宝贝的心理影响。其实，添加辅食对宝贝的心理也是一种很大的挑战。所以，妈咪在给宝贝喂辅食时，首先要注意为他营造一个愉快和谐的进食气氛和环境，尽量避开宝贝情绪不好的时间，最好选在心情愉快和清醒的时候进食。

当宝贝表示不愿吃时，妈咪千万不可采取强迫手段，这样会使宝贝更不愿意吃了。当宝贝搞得满身满脸都很脏时，妈咪不要发火。给宝贝添加辅食不仅只是补充营养，同时也是在培养健康进食的习惯和礼仪，促进正常味觉发育。如果宝贝的心理受到挫折，将会给日后的生活带来负面的影响。

黄金翠玉粥
适合7个月以上的宝贝

原料

菠菜40克，鸡蛋1个，米饭半碗。

制作

菠菜洗净，切成小段，放锅中加少量水熬成糊状；取出煮好的菠菜，以汤匙压碎成泥状；将鸡蛋煮熟取出蛋黄，以汤匙压碎成泥状；米饭半碗加水熬成稀饭，将菠菜泥与蛋黄拌入即可。

营养小秘诀

此粥味美适口，含丰富的蛋白质、脂肪、碳水化合物、钙、磷、锌及维生素A、维生素B、维生素C、维生素D等多种维生素，尤其富含铁元素，可预防宝贝贫血。

胡萝卜猪肝粥
适合7个月以上的宝贝

原料

红色蔬菜粉，猪肝，白粥。

制作

把猪肝切成小块蒸熟；把熟猪肝研磨成泥状，放进白粥里煮约5分钟；拌入红色蔬菜粉即可。

· 小提醒 ·

富含天然维生素、胡萝卜素、番茄红素、膳食纤维等营养成分的红色蔬菜粉，搭配上富含铁、锌、维生素A的猪肝，可以有效促进宝贝的视力和体格发育。

黑芝麻糊粥
适合7个月以上的宝贝

原料

黑芝麻200克，大米50克，白糖少许。

制作

将黑芝麻炒熟研成粉末，加上适量白糖密封保存；先将大米洗净，放入锅内，加水后微火煮至烂熟成粥；将黑芝麻粉放入粥里即成。

营养小秘诀

黑芝麻含脂肪油、卵磷脂、蛋白质、叶酸、芝麻素、芝麻酚、糖类及较多的钙，这些营养素对脑细胞的生长组成和代谢非常重要。可以做6个月以上宝贝的离乳食品。但黑芝麻性温热，煮粥时要少而稀，以防食入过量而致积食。

鳕鱼豆腐羹

适合7个月以上的宝贝

原料

鳕鱼粉1包，绿色蔬菜粉半包，豆腐半块，淀粉、香油、葱花少许。

制作

豆腐冲净，与鳕鱼粉一起放入碗中，加入调味料搅匀，倒入深碟内，隔水以中慢火蒸8分钟，撒入绿色蔬菜粉即成。

营养小秘诀

鱼肉与豆制品含铁丰富，有助于增强宝贝的抵抗力，促进生长发育。

嫩滑豆腐羹
适合7个月以上的宝贝

原料

鸡肉10克，蘑菇1朵，笋10克，虾仁5克，菠菜1根，豆腐半块，鸡汤100毫升。

制作

将鸡肉洗净，剁成泥；蘑菇、笋洗净切细丁；虾仁洗净，剁泥；菠菜洗净，热水焯一下，切成碎末；豆腐压成豆腐泥；鸡汤入锅，煮开后先后加入鸡肉泥、虾泥、蘑菇丁、笋丁，再次煮开后，放入豆腐泥和菠菜碎，小火焖煮至汤将干即可。

营养小秘诀

豆腐羹不仅能为宝贝提供生长发育所需要的铁、钙、磷、钾等营养素，而且吃起来嫩滑可口，非常适合宝贝的小胃口。

四色肝末

适合7个月以上的宝贝

原料

葱头100克，羊肝50克，胡萝卜50克，番茄50克，菠菜25克，肉汤适量。

制作

羊肝洗净、切碎末，葱头剥皮切碎末，胡萝卜洗净切碎末，番茄开水烫后、剥皮切碎，菠菜择洗干净、切碎，待用；先把羊肝末、葱头末、胡萝卜末放入锅里，加上肉汤煮熟，然后加入番茄、菠菜，煮一会儿即成。

营养小秘诀

这道菜肴富含维生素A和多种矿物质，营养全面，适合小宝贝的口味。

南瓜浓汤
适合7个月以上的宝贝

原料

南瓜200克，高汤100克，鲜奶50克。

制作

先将南瓜200克洗净切丁，放入榨汁机中，加高汤100克打成泥状后，加入鲜牛奶50克用小火煮开，拌匀即可。

营养小秘诀

南瓜富含胡萝卜素、B族维生素、维生素C、蛋白质等，其中的胡萝卜素可以转化为维生素A，可以促进宝贝眼睛的健康发育，维护视神经健康。

红枣泥
适合7个月以上的宝贝

原料

红枣100克,白糖少许。

制作

将红枣洗净,放入锅内,加清水煮15~20分钟至烂熟,去除红枣皮及核,加入少许白糖调匀即可。

营养小秘诀

红枣不仅富含铁,而且还富含蛋白质、脂肪、钙、磷、铁、胡萝卜素、核黄素以及丰富的维生素A、维生素B_1、维生素C及维生素P,具有补血及促进睡眠的功效。

第三章

8~9个月宝贝,开饭了

鲜果时蔬汁
适合8个月以上的宝贝

原料

黄瓜1根，胡萝卜1根，芒果1个。

制作

黄瓜、胡萝卜切段，芒果去皮取果肉，在榨汁机里加少量矿泉水，然后加入黄瓜、胡萝卜和芒果果肉榨汁，最后加入少量白糖即可。也可兑配方奶，做成奶味果蔬汁。给小宝贝喝时，可按1:1的比例兑水。

营养小秘诀

黄瓜的维生素和纤维素含量都很高，而芒果和胡萝卜中除含有丰富的食物纤维外，还含有大量的胡萝卜素，有助于促进宝贝的视力发育。

胡萝卜蔬菜汤
适合8个月以上的宝贝

原料

胡萝卜1根,黄豆芽50克,洋葱半个,卷心菜50克,番茄1个,土豆1个,高汤100克。

制作

黄豆芽洗净沥干;洋葱去老膜切丁;胡萝卜削皮切丁;卷心菜洗净、切丝;番茄、土豆去皮切丁;将高汤加水煮开后,放入黄豆芽、洋葱、卷心菜、番茄、胡萝卜和土豆丁,大火煮沸后,转小火慢熬,熬至汤成浓稠状即可。

营养小秘诀

汤中选用的蔬菜,可给宝贝提供充分均衡的营养,并可促进肠胃的蠕动,避免发生便秘。

如何避免宝贝缺锌   营养专家·小贴士

1. 避免早产

早产儿容易缺锌,因为母体储备锌元素的黄金时间是在孕期最后一个月,宝贝可由于先天不足而导致出生后缺锌。所以,孕妈咪应注意进食锌含量丰富的食品,如牡蛎、瘦肉、猪肝、鱼类、鸡蛋等。

2. 采取母乳喂养

母乳中含锌量大大超过牛乳,在肠道的吸收率高达42%,是任何乳类都无法媲美的。因此,母乳喂养的宝贝一般不容易发生缺锌。

3. 积极治疗各种疾病

如果宝贝患佝偻病,经常出汗,加之宝贝生性好动,出汗更多,容易导致锌流失。此外,宝贝患肠道疾病也容易引起体内缺锌,如经常腹泻等。因此,一旦患病要及时进行治疗。

4. 给宝贝提供营养均衡的饮食

纠正挑食、偏食的不良饮食习惯,饮食上多安排瘦肉、蛋、禽、海产品、牡蛎等动物类食物。

宝贝正处于生长发育的快速时期,新陈代谢非常旺盛,而锌是参与体内新陈代谢的众多酶的重要组成成分,一旦缺乏就会影响身体的很多生理功能。因此妈咪为宝贝DIY辅食时要和其他食物合理搭配,多准备一些含锌丰富的食品,同时还要注意按月龄科学添加营养,这样妈咪做得轻松,宝贝也吃得开心。

鱼米糊
适合8个月以上的宝贝

原料

米粉15克，三文鱼肉25克，青菜适量。

制作

先将米粉酌加清水，浸软后搅为糊状；再将米糊入锅，用旺火烧沸大约8分钟；将鱼肉和青菜洗净、剁泥，一同放入锅里，煮至鱼肉熟透，稍加一点儿盐即成。

营养小秘诀

三文鱼富含不饱和脂肪酸、优质蛋白质等营养素，米粉和蔬菜分别富含碳水化合物和维生素，既可满足宝贝的大脑对多种营养素的需求，又可为大脑补充能量。

蛋黄豌豆糊
适合8个月以上的宝贝

原料

生鸡蛋1个，嫩豌豆适量。

制作

取鲜豌豆蒸熟、去皮，入搅拌器搅成泥或碾压成泥，均匀地铺在小瓷盘上；再将生鸡蛋煮熟，取出蛋黄，调成蛋黄泥；将蛋黄泥做成有趣的图形贴在豌豆泥上，即可食之。

（营养小秘诀）

豌豆与富含氨基酸的食物（如蛋黄）一起烹调可以明显提高其营养价值。

清暑凉瓜粥
适合8个月以上的宝贝

原料

去鱼骨生鱼肉50克，大米及西瓜翠衣20克，糖、醋等适量。

制作

鱼肉洗净后，先将其烫熟，并用刀背捣碎成泥；用糖、醋腌渍切成小丁的西瓜翠衣；大米慢火熬粥，熬至八成熟时下入鱼泥和西瓜翠衣丁，一同煮熟即可。

营养小秘诀

西瓜翠衣可以很好地消除暑热，加入鱼肉及大米既营养丰富，又非常清爽。

营养专家·小贴士

夏天喂养宝贝小妙招

1.每天多吃一些绿豆食物。绿豆可清热解暑，还富含丰富的营养，如果在夏天里煮成汤或粥类，经常给宝贝饮用，是极佳的暑天清补之品。

2.妈咪可以自制清凉饮料。从市场上买来的饮料中，大多含有较多的糖分，宝贝喝了之后不但不能解渴，反可能会越喝越渴。居家自制一些清凉解暑饮料，如绿豆汤、绿豆百合汤或绿豆粥，既制作简单、经济，又可在清热解暑、补充水分的同时，预防宝贝长热痱、热疖等。

小提示：

宝贝饮用时，宜采取少量多次的方法，切不可一次大量暴饮，暴饮易使宝贝突然大量出汗，引起虚脱，还会导致食欲减弱。

蔬菜小米粥
适合8个月以上的宝贝

原料

菜粉1包，小米50克。

制作

小米淘净后，加水煮成烂粥；撒入菜粉即成。

小提醒

婴幼儿菜粉由多种高纤维的蔬菜组成，富含多种维生素、膳食纤维及矿物质，与小米一起食用，不仅促进宝贝的胃肠蠕动，同时还有利于摄取生长发育需要的多种营养。

芹菜小米粥
适合8个月以上的宝贝

原料

小米50克,芹菜40克。

制作

小米淘净后,加水煮粥;芹菜洗净切成细末,在粥滚开时放入,熬20分钟即可。

营养小秘诀

小米富含丰富的维生素B_1,芹菜是高纤维的绿色蔬菜,具有降压的功效,多吃有利于宝贝肠道健康。

原料

芋头少许，小米适量。

制作

先将芋头去皮，切成丁儿，与小米（或玉米渣、大米、荞麦、麦片等一两种）一起煮成粥喝。

芋头粥
适合8个月以上的宝贝

营养小秘诀

芋头富含蛋白质、钙、磷、铁、钾、镁、钠、胡萝卜素、烟酸、维生素C、B族维生素、皂角甙等多种营养成分，特别是氟的含量较高，具有洁齿防龋、保护牙齿的作用；芋头中含有一种黏液蛋白，被人体吸收后能产生免疫球蛋白或称抗体球蛋白，能增强人体的免疫功能；芋头是一种碱性食品，能中和体内积存的酸性物质，调整人体的酸碱平衡，有乌黑头发的作用。

菠菜大米粥
适合8个月以上的宝贝

 原料

大米100克,菠菜1根。

制作

大米淘好,加水泡10分钟;菠菜择好,洗净,放开水中煮熟,晾凉后切碎;另取一只锅,加水后放入大米熬粥,待大火煮开后放入切碎的菠菜,然后改小火慢慢煮,煮至黏稠状即可。

营养小秘诀

菠菜含有大量的胡萝卜素,此外,菠菜内的维生素B_2、维生素C、钙和镁的含量也都很丰富,是补充这些营养物质非常好的选择。

芝麻糙米粥
适合8个月以上的宝贝

原料

糙米50克，黑芝麻20克，白糖少许。

制作

糙米淘洗干净、沥干，锅中加水煮开，放入糙米搅拌一下，煮滚后改中小火熬煮45分钟，放入黑芝麻继续煮5分钟，加白糖煮溶即可。

营养小秘诀

芝麻中富含蛋氨酸，可为人体提供耐寒适应所必需的代谢物质——甲基，而且还可以润肺养肝、润肠通便；糙米中的谷糠和胚芽含有丰富的维生素B和维生素E，能提高宝贝的免疫功能。

菠菜蛋黄粥
适合8个月以上的宝贝

原料

菠菜40克，鸡蛋1个，米饭半碗。

制作

菠菜洗净、切成小段放锅中，加少量水煮成糊状；取出煮好的菠菜，以汤匙压碎成泥状；将鸡蛋煮熟，取出蛋黄，以汤匙压碎成泥状；米饭半碗加水煮成稀饭，将菠菜泥与蛋黄拌入即可。

营养小秘诀

此粥味美适口，除了含有丰富的硒，还含有丰富的蛋白质、脂肪、碳水化合物、钙、磷、锌及多种维生素。

营养专家小·贴士

精米精食&宝贝视力发育

很多妈咪经常给宝贝吃精米精面，但近来营养学研究表明，长期吃过于精细的食物，不仅会减少B族维生素的摄入，影响儿童的神经系统发育，而且还会损失过多的铬元素，同时影响视力发育，成为近视眼的重要成因。铬与人体内一种重要的荷尔蒙有关，如果在体内不足就会使胰岛素的活性减退，调节血糖的能力下降，致使食物中的糖分不能正常代谢，滞留于血液之中，最终导致眼睛的屈光度改变，形成近视眼。

营养学家建议，加工过的精米精面会丢失80%的铬，因此妈咪在饮食安排上，要注意给宝贝适当进食一些粗粮或糙米，以保证铬元素的摄取。

宝贝有一双健康而明亮的眼睛是聪明的标志，而眼睛的健康来自有益于视力发育的营养素，如钙、锌、维生素A、胡萝卜素等。因此，妈咪在饮食上要注意为宝贝安排富含这些营养素的美食呦！

番茄肉泥
适合8个月以上的宝贝

原料

猪前肘瘦肉15克,猪肝5克,番茄酱5克。

制作

把猪肉及猪肝清洗干净,然后切成泥状;将这些肉泥与番茄酱放在锅里,一同炒熟,勾芡即成。

营养小秘诀

猪前肘瘦肉以及猪肝都富含维生素B_1,加上富含维生素的番茄酱,可以很好地为宝贝补充B族维生素。

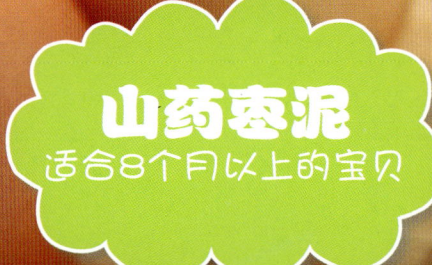

山药枣泥
适合8个月以上的宝贝

原料

山药、枣泥适量。

制作

选质量好的山药适量，削去皮洗净，切成小段儿，平摊在盘子里；将水倒入蒸锅里烧开，把装着山药的盘子放在蒸锅里蒸，蒸到山药完全变软（如果想使山药快点熟就要将山药切得小一点儿）；将蒸好的山药拿出来稍微凉一下，用饭勺把它全部压烂成泥状，也可以放在保鲜袋里用擀面杖擀压成泥；将煮熟的山药泥铺在小盘子上，约1厘米厚，然后把做熟的大枣泥做成花朵样或图形贴在山药泥上，即可喂食。

营养小秘诀

山药属食、药两用植物，含皂角甙、黏液质、精氨酸、淀粉酶，有治脾虚泄泻、增强免疫功能等功效；大枣含生物碱及多种氨基酸、糖类、铁、钙、磷等营养物质，对于大便溏软、食欲不佳、脸色苍白的宝宝非常有益。

原料

蜜桃粉1包,红小豆50克,红糖少许。

制作

将红小豆洗净,放入锅内,加入凉水用旺火烧开,加盖改小火焖煮至烂成豆沙;下入红糖至溶化,在快熟时均匀撒入蜜桃粉。

蜜桃红豆泥
适合8个月以上的宝贝

营养小秘诀

香甜细软、可口,可同粥一起食用。红小豆含有丰富的维生素B_1、维生素B_2等营养成分,蜜桃养人,营养价值高,能帮助提高宝贝的免疫力。

西瓜酸奶
适合8个月以上的宝贝

原料

去子西瓜瓤2杯,配方奶或水果汁半杯,酸奶2杯。

制作

先将西瓜瓤、配方奶或水果汁一起放在食品加工器中,搅拌10秒钟;再加入酸奶搅拌10秒钟即成。

营养小秘诀

如果宝贝发烧或腹泻,食用这款小果点可以防止脱水。制作时,最好在碗里切西瓜,或直接用勺把西瓜瓤刮出,以保留西瓜汁。也可以用其他瓜类代替西瓜,如白兰瓜。

翡翠鸡蓉
适合8个月以上的宝贝

原料

鸡脯肉、青菜汁、鸡汤、蛋清、淀粉、葱姜等调料。

制作

鸡脯肉剁碎成蓉,剔去筋膜,加蛋清、葱姜水,充分搅上劲;汤锅加鸡汤烧开,倒入鸡蓉,顺一个方向搅动,大火烧至鸡蓉浮起,改用微火炖(不要开锅);另用一汤锅,加青菜汁烧开,调味勾芡,盛碗,把鸡蓉捞到碗中即可。

营养小秘诀

鸡肉软嫩,脂肪本来就不多,其中还有一部分是多不饱和脂肪。让这道美味为宝贝开开胃吧。

水蒸蛋糕

适合9个月以上的宝贝

原料

鸡蛋3个，自发粉200克，黄豆粉50克，白糖100克，黄油少许。

制作

把鸡蛋打入碗中，将蛋黄和蛋清分开；蛋黄搅拌均匀后，加入自发粉和黄豆粉；蛋清一边用力打一边慢慢加入白糖，直到打起泡、发硬，拌入面粉糊里；在盛器的周围先抹上一层黄油，再将调好的面粉糊倒入盛器里（倒入量为盛器的一半），隔水蒸20~25分钟即可。

营养小秘诀

这种方法做出来的蛋糕，吃起来又松又软，香甜可口，适合9个月以上宝贝的胃肠消化吸收。

芝麻豆腐
适合9个月以上的宝贝

原料

豆腐1块，熟芝麻、豆酱、淀粉各1小匙。

制作

将豆腐用开水浸后沥干、研碎，与炒熟的芝麻、豆酱、淀粉混匀做成饼，蒸15分钟即可。

营养小秘诀

芝麻不仅富含铁，还可润肺养肝，而且润肠通便，防止宝贝发生便秘。

炖鱼泥
适合9个月以上的宝贝

原料

高汤100克，鱼肉（可用各种各样的鱼，最好是深海鱼类，但一定要把刺挑净）50克，胡萝卜泥30克，淀粉少许。

制作

将高汤倒入锅中，放入鱼肉煮熟；把煮熟的鱼肉取出压成泥状，再入锅并加胡萝卜泥；煮开后，用淀粉勾芡，出锅即成。

营养小秘诀

鱼肉不仅富含优质蛋白，且肉质鲜嫩美味。特别是深海鱼类还含有DHA和EPA这两种脂肪酸，对促进宝贝的大脑发育很有好处。

虾末菜花

适合9个月以上的宝贝

原料

菜花40克，虾仁2只，无色酱油及盐少许。

制作

菜花洗净，放入开水中煮软后切碎；虾仁洗净、切碎，加少许无色酱油、盐煮熟，倒在菜花上即可。

营养小秘诀

这道菜富含蛋白质、脂肪、糖和多种维生素，以及丰富的钙、磷、铁等矿物质，既具有御寒作用，还可以提高免疫力，预防感冒。

第四章

10~11个月
健康的辅食帮助宝宝长得更好

胡萝卜丝汤
适合10个月以上的宝贝

原料

　　胡萝卜2根，骨头汤100克，植物油适量，姜末少许。

制作

　　胡萝卜洗净切段，刮成细丝。锅内放适量油，烧热后，下入姜末、胡萝卜丝炒至半熟时，加骨头汤烧开，转小火焖1分钟即可。

· 小提醒 ·

　　胡萝卜与骨头汤一起食用，既可为宝贝补充维生素A，又可以补充钙质。

番茄鱼汤
适合10个月以上的宝贝

原料

鳕鱼粉1包，番茄250克，清水、油少许。

制作

番茄洗净，切片状；在锅中加入清水500毫升(2碗量)，滚沸后下番茄、油，煮至刚熟，将鳕鱼粉倒入碗中便可食用。

营养小秘诀

番茄富含维生素C和胡萝卜素，健胃消食，生津止渴，可以提高宝贝的食欲。

牛肉冬菇粥
适合10个月以上的宝贝

原料

牛肉30克，稠粥1碗，冬菇50克。

制作

牛肉切碎成粒状；在锅内倒入稠粥，加水，和入牛肉粒，用大火煮；冬菇洗净、切粒，待粥煮沸，加入粥内，转小火煮10分钟即可。

营养小秘诀

牛肉富含蛋白质，尤其含有人体无法合成的8种必需氨基酸，能被人体很好地吸收，营养价值很高，因此用牛肉为宝贝添加辅食是个很不错的选择。

原料

木瓜1个,牛奶适量。

制作

木瓜洗净,去皮、去子,上锅蒸7~8分钟,至筷子可轻松插入时,即可离火;用勺背将蒸好的木瓜压成泥,拌入牛奶即可。

奶味木瓜泥
适合10个月以上的宝贝

·小提醒·

木瓜含有很高的消化酶,可帮助宝贝提高消化吸收功能,促进食欲。同时木瓜含有丰富的维生素A、维生素C、钾等营养物质,拌入富含钙的牛奶,营养更加丰富均衡。

香香酥肝丁
适合10个月以上的宝贝

原料

鸡肝40克，鸡蛋、姜汁、生抽、生粉、油、盐等各适量。

制作

先将鸡肝切成碎丁，用调味料腌制几分钟；待入味后，把生粉、蛋黄拌成蛋浆，将鸡肝碎丁蘸蛋浆，下入滚油炸。要经常把粘在一起的碎丁拨开，2~3分钟即熟，以免炸得过硬。

营养小秘诀

鸡肝富含维生素A和铁质，采取这种烹调方法，可以改善鸡肝味道，更会受到宝贝的喜爱。

番茄马铃薯鱼
适合10个月以上的宝贝

原料
剔骨鱼半条，番茄碎、土豆碎、洋葱碎各1大勺，面粉、植物油各适量。

制作
鱼切成小块，涂上薄薄一层面粉；植物油放入平锅中烧热，将鱼煎好，再把煎好的鱼和番茄碎、土豆碎、洋葱碎放入锅内一起煮熟即可。

营养小秘诀
这款鱼肴不仅有益于宝贝的脑发育，还富含多种生长发育所需的营养素。

烹调蛋白质食物小常识

营养专家小贴士

蛋白质食物的烹调方法很多，如炸、炒、蒸、煮等，但都会由于烹调方式的不同而损失一些营养。

一般来讲，煮或炒时营养素损失得要少一些，炸着吃则使营养素损失得较多。

鱼或肉在红烧、清炖时，可使糖类及蛋白质发生水解反应，进而使水溶性维生素和矿物质溶解于汤里。因此，给宝贝吃红烧或清炖的肉及鱼时，最好连汤带肉一同吃。

另外，用急火爆炒肉食，其中的营养素丢失得最少，所以肉食要尽量炒着吃。

不妨偶尔也给宝贝尝一点油炸鱼或肉，但在烹调时最好在食物表面挂糊，这样可避免食物与温度很高的油接触，在一定程度上使营养素受到保护，从而减少损失。

牛奶蛋
适合10个月以上的宝贝

原料

鸡蛋1个，牛奶1杯。

制作

先把鸡蛋打入碗中，然后把蛋黄、蛋清分开，锅里加入用水稀释的牛奶和蛋黄混合均匀，用微火煮一会儿即成。

营养小秘诀

牛奶与蛋黄搭配在一起，可以营养互补，促进宝贝的大脑和骨骼发育。

营养专家小·贴士 —— 避免宝贝缺乏维生素B_1的小妙招

1. 不要经常给宝贝吃精米、精面，因为精米精面加工过细，损失了很多维生素B_1。
2. 不要让宝贝养成挑食、偏食的不良饮食习惯，饮食也不要过于单调，这样都会造成营养素摄取不均衡。
3. 淘米时水温不要过高，更不要用热水烫洗；采用蒸或煮的烹调方法，会大大减少维生素B_1的损失。
4. 煮粥前不要把米在水中浸泡过久，不给宝贝吃丢弃米汤的捞饭。
5. 蛋类最好蒸成蛋羹或煮着吃。
6. 把面粉做成馒头、面包、包子、烙饼时，维生素B_1丢失得最少，尽量避免油炸面食，如小油饼等，因为油炸的烹饪方式，几乎会使维生素B_1被全部破坏掉。
7. 洗菜时不要过于浸泡蔬菜，做汤时等到水开后再下菜，不要煮得时间过久，在开水中稍烫一下即可。

维生素B_1是宝贝生长发育中不可缺少的营养素之一。宝贝缺乏维生素B_1，就会表现出消化、神经及循环系统的各种症状，特别是出汗多时更容易丢失维生素B_1。因此，妈咪在喂养宝贝时，要注意在饮食上安排富含维生素B_1的食物，同时还要掌握正确的烹调方法，以免宝贝缺乏维生素B_1呦！

番茄肝末
适合10个月以上的宝贝

原料

猪肝20克，番茄200克，洋葱100克。

制作

先将猪肝洗净切碎，番茄用开水烫一下后去皮切碎，洋葱剥去皮后洗净切碎，待用；把猪肝末、洋葱末同时放入锅里，加入水或肉汤煮，快熟时加入番茄末即可。

营养小秘诀

猪肝中富含铁，番茄中富含维生素C，一起做成菜肴不仅味道甜咸适宜，而且可以预防贫血，宝贝一定爱吃。

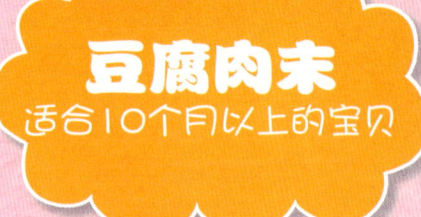

豆腐肉末
适合10个月以上的宝贝

原料

鲜嫩豆腐、鸡胸肉各20克，洋葱、鸡蛋各10克，淀粉5克，酱油和香油适量。

制作

先把豆腐放开水中略煮，捞出后沥干水分，用勺子弄成碎泥，摊开放在抹过芝麻油的小盘里；把鸡肉剁成泥状，再把洋葱切碎，然后把蛋液、淀粉、酱油、香油等调匀，撒在豆腐泥上，放入屉中以中火蒸10~12分钟即成。

营养小秘诀

豆腐中不仅富含钙，特别难得的是它吃起来非常细软，很适合乳牙尚未长全的宝贝食用，可为宝贝的骨骼发育添砖加瓦。

肉末卷心菜
适合10个月以上的宝贝

原料

卷心菜100克，洋葱半个，瘦猪绞肉50克，葱末、盐和淀粉少许。

制作

卷心菜洗净，用开水烫一下，切碎；洋葱洗净、切碎末待用；锅里放适量油，烧热后下绞肉煸炒断生；然后加入葱姜末搅炒几下，加入水和切碎的洋葱；煮软后再加入卷心菜，稍煮加少许盐调味，用水淀粉勾芡即成。

营养小秘诀

这道菜软烂、营养丰富，不仅能为宝贝提供充足的蛋白质，同时还含有丰富的维生素、纤维素和矿物质等多种营养。不过，卷心菜要烫一下再切碎下锅，生菜下锅味道不好。

胡萝卜肉末羹
适合11个月以上的宝贝

原料

胡萝卜1根，土豆泥20克，肉末50克，生抽1滴，香油1滴。

制作

胡萝卜洗净切块，放入搅拌机打成泥，与土豆泥及肉末混合，放在盘中，上锅蒸熟，加1滴生抽，1滴香油即可。

营养小秘诀

胡萝卜既可保护宝贝的呼吸道免受感染，又可促进视力发育。另外，土豆也营养丰富，是宝贝生长发育中不可缺少的辅食。

南瓜饼
适合11个月以上的宝贝

原料

南瓜泥20克，面粉30克，黄油10克。

制作

南瓜泥、面粉搅拌，做成南瓜饼坯，并在表面蘸上一层面粉，防止维生素流失。在平底锅中放入黄油，加热后将饼坯放入，煎熟即可。

小提醒

南瓜中所含的β-胡萝卜素可转化为维生素A，既可促进视力发育，冬天食用还可以暖胃，也有助于消化吸收。

番茄饭卷
适合11个月以上的宝贝

原料

胡萝卜、洋葱、番茄适量，鸡蛋1个，软米饭1小碗，盐少许。

制作

将胡萝卜、洋葱、番茄分别洗净切丁；将鸡蛋调匀后入平锅摊成薄片；将胡萝卜丁和洋葱丁各1/2小匙用油炒软，加入软米饭1小碗和番茄丁2小匙、盐少许拌匀；然后将混合后的米饭平摊在蛋皮上，卷成卷儿，切段即可。

营养小秘诀

此饭卷含有足够的蛋白质和丰富的脂肪、维生素C和胡萝卜素等营养素，具有健脑益智和强健身体的功效。

营养专家·小·贴士   给宝贝多吃番茄可促进生长发育

近年来，欧美营养专家研究结果表明，番茄中含有大量番红素，是预防心脏病、前列腺癌、子宫癌、乳腺癌、胰腺癌、食道癌、胃癌、结肠癌、直肠癌、口腔癌、肺癌、眼底黄斑过早退化等疾病的重要营养素。

美国医学专家也指出，大脑发育很需要维生素B_1，而番茄中恰恰含有丰富的这种营养素，因此多给宝贝吃些番茄，可促进生长发育。

不过，番茄经过烹煮后番红素才能在血液中发挥作用，因此番茄最好熟吃。熟吃番茄的方法很多，如番茄和鸡蛋就是一对好"搭档"，可做成鸡蛋番茄汤或番茄炒鸡蛋等菜肴。现代的父母吸烟者越来越多，宝贝常不幸地成为被动吸烟者。多吃一些番茄，特别是熟番茄，更能抵制香烟中尼古丁的作用，还可预防或减少心脏病。当宝贝的皮肤受到过多日晒或紫外线灼伤时，多吃一些熟番茄可帮助皮肤组织快速修复。

有时，宝贝的胃口会不佳，这时妈咪就要动动脑筋，为宝贝做些开胃又可口的香香菜肴。番茄是一种很好的食物，可以与其他食物搭配，做出很多让宝贝吃得很香的菜肴，妈咪快快试试吧！

素炒菠菜
适合11个月以上的宝贝

原料

菠菜2根,植物油、蒜末少许。

制作

菠菜择好后洗净,先用热水焯一下,然后切碎;再将植物油倒入炒锅,待油热后将菠菜倒入略炒,然后加蒜末拌炒几下即可。

营养小秘诀

菠菜含有铁及大量维生素和纤维素,味道也较容易让宝贝接受,是宝贝理想的蔬菜之一。提醒一点,一定要将菠菜焯一下,以破坏所含的草酸,防止草酸与宝贝体内的钙结合生成草酸钙,同时去掉涩味。

苹果鸡肉粥
适合11个月以上的宝贝

原料

大米50克，鸡胸肉30克，苹果半个，香菇10克。

制作

先将大米用冷水泡1小时；鸡胸肉剁成末，并用淀粉收紧；苹果去皮去核切成小丁，香菇洗净切碎；将泡好的大米放入锅中加水煮，用大火烧开后改用小火慢熬成粥；然后，加入已备好的鸡肉末，继续用小火煮10分钟，加入香菇、苹果丁，用小火熬至粥香外溢即可。

营养小秘诀

此粥不仅含有锌、铁、钙、磷、维生素C等营养，还含有丰富的蛋白质和脂肪，同时具有润肠的功效，为宝贝补锌的同时，还可为身体提供其他丰富的营养。

营养专家小贴士

如何给宝贝补充核黄素

宝贝每天需要0.8毫克核黄素，如果只喝牛奶需要喝500毫升；只吃鸡蛋需要吃230克（4~5个）；只吃动物肝需要70克；只吃青菜类需要450克，所以最好搭配着吃。

核黄素耐热力很强，烹调时不必过分担心会损失。不过，核黄素对光线特别敏感，特别是紫外线。因此，不要把富含核黄素的食物放在阳光照射的地方。

一般来讲，人体对核黄素的需求量，只要从富含核黄素的食物中摄取就足够了。如果发生口角炎或舌炎等，则表明长时间没有吃富含维生素B_2的食物，一定要注意在食物上多做安排。

第五章

1岁以上可以和爸妈一起吃饭了

猪肝小丸
适合15个月以上的宝贝

营养小秘诀

这道菜肴可以防治宝贝发生缺铁性贫血，并有助于视力发育。

原料

猪肝15克，面包粉15克，葱头15克，番茄15克，色拉油15克，番茄酱少许，淀粉8克。

制作

将猪肝剁成泥，葱头切碎，一同放在碗内；加入面包粉、淀粉拌匀成馅；将炒锅置火上放油烧热，把肝泥馅挤成小丸子，下入锅中煎熟；将切碎的番茄及番茄酱下入锅内，炒至呈糊状淋在丸子上即成。

胡萝卜翡翠炒饭
适合15个月以上的宝贝

原料

胡萝卜1根，菠菜2棵，鸡蛋1个，米饭1碗，盐、松子仁少许。

制作

胡萝卜洗净、沥干、切小丁，用热水焯过备用；菠菜洗净，用热水焯一下沥干水分，切碎末；鸡蛋搅拌均匀；锅内加油，微热后倒入鸡蛋，炒至半熟时放入菠菜碎、胡萝卜丁，加少许盐略炒，加入米饭，以中火炒至饭干并有香味飘出，再撒上切碎的松子仁即可。

(营养小秘诀)

胡萝卜可使宝贝眼睛更明亮，菠菜可预防贫血，鸡蛋能提供优质蛋白质，这款炒饭是一道不错的辅食哟。

甜杏冰糖水
适合1岁以上的宝贝

原料

甜熟的鲜杏3~5个，冰糖少许。

制作

先把鲜杏反复用清水洗净，然后去核，用清水把鲜杏煮烂，加少许冰糖调味即成。

营养小秘诀

甜杏冰糖水夏天给宝贝饮用，具有生津止渴、防暑解暑的功效，而且还可以预防夏季肠道传染病。

胡萝卜鱼丸汤
适合1岁以上的宝贝

原料

鱼肉100克，土豆、胡萝卜各1/5个，海带清汤1/4杯，淀粉、盐各少许。

制作

将鱼肉剖开剔除鱼刺、剁碎，与淀粉、盐和在一起搅拌；将和好的鱼肉淀粉制成鱼丸；再将土豆、胡萝卜切小碎块，加海带清汤一起煮；蔬菜煮烂后，放入鱼丸一起煮即成。

营养小秘诀

此汤除了具有健脑作用外，还可以强壮体格，增强免疫力。

维生素A 对抗感染具有重要作用

营养专家小·贴士

近年来，国内外许多研究又进一步表明，维生素A对于抗感染，特别是呼吸道感染也具有重要作用。维生素A缺乏时，可损伤呼吸道上皮细胞，增加感染发生率；反复的感染又可加大身体对维生素A的消耗，使体内维生素A更为缺乏，形成一个恶性循环。临床研究表明，反复呼吸道感染或腹泻的小宝贝，其中70%的血清中维生素A水平低于正常，其中一小部分为严重的维生素A缺乏。

到了冬季,宝贝经常感冒，妈咪适当在饮食中安排一些含维生素A或胡萝卜素（维生素A前体）的食物，有助于增强宝贝的免疫力，减少感冒。需注意的是，维生素A是一种脂溶性维生素，可在体内储存。如果不限量地食用，容易引发胡萝卜素血症，因此要注意让宝贝适量食用。

什锦蛋汤
适合1岁以上的宝贝

原料

鸡蛋1个，海米20克，菠菜1根，番茄半个，盐、淀粉、香油各少许。

制作

海米、菠菜、番茄切成碎末；鸡蛋打入大碗内，搅匀、待用；炒锅内放入适量清水，水开后放入海米末、菠菜末、番茄末、盐等，勾芡后倒入蛋液，淋入几滴香油即成。

· 小提醒 ·

这道菜肴色泽鲜艳，软嫩鲜美，很容易调动宝贝的胃口，而且营养丰富。

什锦蔬菜肉汤
适合1岁以上的宝贝

原料

牛肉100克，卷心菜50克，胡萝卜、土豆、番茄、洋葱各半个，红肠20克，盐。

制作

将所有蔬菜全部洗净，牛肉、土豆、胡萝卜、番茄切小块，卷心菜、洋葱切丝，红肠切片；沙锅内加适量水，放入牛肉、洋葱，大火煮开；当牛肉煮烂时，放入胡萝卜、土豆块煮烂后，再加入卷心菜煮开约10分钟，放入盐调味，最后加番茄略煮即可。

营养小秘诀

这款菜肴含丰富的维生素B_2和胡萝卜素，多吃不仅可以预防大脑疲劳，还有助于保护宝贝的呼吸道免受感染，对视力发育也有好处。

奶香虾菜泥
适合1岁以上的宝贝

原料

鸡肉、虾仁、蛋清、酸奶、香菜末、菠菜叶、胡萝卜末、西葫芦末适量，盐少许。

制作

先用刀背将鸡肉斩成蓉状，再将其与蛋清混合；然后加少量水，用文火煮，并用少许盐调味；在锅里加一点植物油，烧热后炒各种蔬菜约半分钟；将炒好的蔬菜倒入煮好的肉泥中，并加入酸奶，搅拌至熟即成。

营养小秘诀

这道补钙菜肴不仅色彩丰富，而且口味特别，特别是加入了酸奶可为宝贝提供更多的钙，同时还能让宝贝更好地吸收菜肴中的铁。

洋葱虾泥
适合1岁以上的宝贝

原料

虾仁30克，蛋清1个，洋葱20克，沙茶酱适量。

制作

虾仁挑去肠泥，洗净，沥干水分剁碎，加入蛋清调匀；洋葱洗净后切丁，剁碎拌入虾泥中。将拌好的洋葱虾泥上锅蒸5分钟，取出后用沙茶酱拌匀即可。

营养小秘诀

洋葱富含锌、大蒜素、硫化合物等抗氧化物质，具有增强宝贝免疫力，促进肠胃蠕动的功效。虾肉含有丰富的蛋白质、脂肪和DHA，是宝贝极佳的健脑食品。

鸡肉南瓜泥
适合1岁以上的宝贝

原料

南瓜末1大勺，鸡肉小丁50克，海米、虾皮适量。

制作

南瓜末加少许开水煮软，再加鸡肉小丁稍煮，最后加入海米或虾皮，汤煮至黏稠即可。

小提醒

这道菜肴可以帮助摄取丰富的维生素A等营养素，对宝贝生长发育、提高免疫力很有助益。

鱼泥馄饨

适合15个月以上的宝贝

原料

鱼泥50克,韭菜末30克,馄饨皮10个,生抽、香菜末、盐各少许。

制作

鱼泥加韭菜末少许做成馄饨馅,包入小馄饨皮中;锅内加水,煮开后下入馄饨,待煮开后倒入少许生抽,再煮一会儿,待馄饨浮在水面上,撒上香菜末即成。

营养小秘诀

鱼泥做成的小馄饨,营养更全面合理,能帮助促进宝贝身体及脑发育。

营养专家小·贴士

宝贝2岁前不宜过多吃巧克力

1岁之后,宝贝通常都会比较爱吃甜食。巧克力几乎是每个宝贝都喜爱的食品,并且也能给宝贝的健康带来很多益处,但是切记不宜过多食用。

国外一些研究显示,巧克力的脂肪含量比较高,这些脂肪在胃里停留的时间比较长,不容易消化,会产生饱腹感而影响宝贝的食欲,导致宝贝营养摄入出现问题而损害宝贝的健康。另外,巧克力是不含纤维素的精制食品,吃多了可导致便秘,其中的草酸还会影响钙的吸收;加上巧克力含有可可碱,具有强心和兴奋大脑的作用,会导致宝贝情绪不稳定,导致宝贝哭闹和过于兴奋,严重的还会损害宝贝的大脑,因此2岁前的宝贝不宜过多吃巧克力。

果仁橘皮粥

适合1岁以上的宝贝

原料

甜杏仁、松子仁、芝麻各5克，鲜橘皮10克，粳米50克，砂糖适量。

制作

先把橘皮切小块，再把杏仁、松子仁、芝麻都捣成碎末；将橘皮与果仁末一起共煎，去渣取汁后放入粳米，小火熬煮成粥、调糖，将少量炒熟的果仁末撒在粥上即成。

营养小秘诀

果仁、橘皮可以润肠通便，适用于肺燥肠闭、胸腹胀满而便秘的宝贝。

红薯苹果泥

适合1岁以上的宝贝

原料

红薯和苹果各50克，儿童蜂蜜少许。

制作

先将红薯洗净、去皮，切碎后煮熟；再将苹果洗净、去皮、去核，切碎后煮软或刹泥，将红薯泥及苹果泥与蜂蜜一起调匀即成。

营养小秘诀

苹果可以促进消化，红薯可以润肠通便，从而防治便秘。但不宜给宝贝吃得过多，以免引起腹胀。

原料

莲藕50克，火腿20克，高汤50克，稠粥100克。

制作

莲藕洗净，去皮后切碎；火腿切成小丁，放入高汤中煮20分钟；下入稠粥后，再焖一会儿即可。

火腿莲藕粥
适合1岁以上的宝贝

营养小秘诀

火腿不仅富含蛋白质，而且维生素B_1含量也很高；加之莲藕中的淀粉和粗纤维含量也比较高，可以满足宝贝成长所需的营养。

核桃仁香粥
适合1岁以上的宝贝

原料
核桃仁50克,大米100克;各种果脯适量。

制作
先把核桃仁放在沸水中浸泡,然后去皮,取出后捣碎;再把大米洗净放入锅里,加上适量的清水,用微火将白米煮烂,放入核桃仁泥,也可放一些宝贝爱吃的果脯;用微火再略煮一会儿,放凉后即可喂宝贝。

营养小秘诀
核桃仁不仅含有丰富的蛋白质、脂肪等营养素,而且含有大量不饱和脂肪酸,对宝贝的大脑发育极为有益。提醒一点,核桃含油脂较多,一次不要给宝贝吃得太多,以免损伤脾胃。

瘦肉蓉粥
适合1岁以上的宝贝

原料

瘦猪肉25克，粳米50克，黑芝麻10克，香菜末、葱末、橄榄油、酱油、白糖、淀粉适量，精盐少许。

制作

先将猪肉剁为蓉，黑芝麻炒熟碾碎末；再将粳米洗净，慢火煨成烂粥；肉蓉与酱油、精盐、白糖、淀粉共同调匀，放入烂粥里几次煮沸后盛出；食用时加入橄榄油、香菜末、葱末及黑芝麻末。

营养小秘诀

此款美食中不仅富含优质蛋白，而且还富含铁和锌，可以促进宝贝生长发育，还有助于预防宝贝缺锌。

花菜鲜肝粥
适合1岁以上的宝贝

原料

鸡肝、花菜、油、米、盐、淀粉、姜。

制作

鸡肝洗净、切片，用少许油、淀粉、盐、姜丝腌片刻；用开水焯一下花菜并切碎；在米煮至八成熟时，放入腌好的鸡肝及花菜煮至开锅，吃时可加生抽调味。

营养小秘诀

这道粥里还富含大量的铁、锌和维生素A，能够在干燥的春天，让宝贝的眼睛明亮湿润，并增强宝贝皮肤的抵抗力。

红豆大米软饭

适合1岁以上的宝贝

原料

红豆30克,大米50克。

制作

红豆泡1小时后,与淘净的大米一起放入锅内;锅内加上比平时煮饭多一倍的水,大火煮开后,转入小火慢慢熬至米汤收尽、红豆酥软即可。

营养小秘诀

红豆富含维生素B_1、维生素B_2、蛋白质及多种矿物质,既能给宝贝补充B族维生素,还可以补血、利尿。加之红豆饭糯香可口,宝贝一般都会很喜欢。

奶果蜜饭
适合1岁以上的宝贝

原料

樱桃、桃子各20克，儿童蜂蜜1匙，大米25克，牛奶150毫升。

制作

将牛奶烧开，加入蜂蜜和大米，搅拌均匀，改小火煮15分钟；将樱桃和桃子切成果肉粒放入，稍煮关火、放凉，让牛奶完全被米饭吸收。

营养小秘诀

此款米饭既富含维生素C，又有奶香和果香味，还可避免宝贝发生便秘。

水果甜香饭
适合1岁以上的宝贝

原料

香梨粉1包，鲜橙粉1包，红肠2两，葱少许，米饭一碗。

制作

红肠切小丁；起油锅，先放入葱末，再放入红肠丁翻炒；将米饭加入拌匀，加少许盐，趁热洒上香梨粉和鲜橙粉拌匀即可。

营养小秘诀

此款甜米饭香中带甜，口味独特，适合宝贝春天食用。

胡萝卜番茄饭卷
适合1岁以上的宝贝

原料

胡萝卜半根,番茄、鸡蛋各1个,米饭1碗,植物油,葱末、盐少许。

制作

胡萝卜洗净切碎;番茄用热水烫过,去皮切碎;平底锅内放一点油,将鸡蛋液倒入摊成蛋皮;另取一锅,将切碎的胡萝卜、葱末用少许油煎熟,然后放入米饭和番茄,炒均匀后,加少许盐起锅。将炒好的米饭平摊在蛋皮上,然后卷起来,再切成小卷即可。

营养小秘诀

胡萝卜及番茄都含有丰富的维生素及钙、磷、铁、锌、碘等营养物质。而且,做成饭卷色泽鲜艳,造型特别,很容易吸引宝贝。

巧摄维生素C小妙招

营养专家小·贴士

1. 对于维生素C特别容易被破坏掉的蔬菜,如胡萝卜、南瓜、青椒等,烹调时可蘸上面粉油炸,这样不仅能保持维生素C的含量,易被肠道吸收,而且味道也容易让宝贝喜欢。

2. 把可生吃的蔬菜,如小黄瓜、胡萝卜,或白菜、花菜用水焯一下捞出,将橘子、苹果、草莓、菠萝等水果切小块,加沙拉酱或酸奶与蔬菜搅拌均匀,做成沙拉给宝贝吃。

3. 年龄较小或肠胃较弱的宝贝,生吃蔬菜不易消化吸收,反易伤肠胃,因此适宜吃煮熟的蔬菜。不过,煮菜时最好少加水,吃时连菜带汤一起吃。

4. 萝卜叶中的维生素C含量很高,妈咪做菜时最好不要扔掉,可炒热菜或做汤,也可焯一下凉拌着吃,味道很好。

维生素C又称为抗坏血酸,它是人体不可缺少的营养素,对于宝贝的生长发育尤为重要。它能够促使钙质沉积在牙齿和骨骼上,维持它们的正常生长;可促使铁质在肠道吸收,防止发生缺铁性贫血;能够增强宝贝身体的抵抗力,避免经常感冒发烧。因此,妈咪一定要注意让宝贝摄取呦!

营养小秘诀

这道美味的蛋白质含量很高,且质地细嫩,富含多种营养成分,特别适合宝贝食用。

蛋皮鱼卷
适合1岁以上的宝贝

原料

鱼泥60克,鸡蛋2个,葱末、姜汁、盐少许。

制作

在鱼泥中加入葱末、姜汁及少许盐调味;鸡蛋搅匀;平锅小火烧热,涂一层油,倒入蛋液摊鸡蛋饼,将熟之际把鱼泥放在蛋皮上,摊平;小心卷成蛋卷,边卷边淋蛋液,出锅后切小段,装盘即可。

> **营养小秘诀**
>
> 鱼肉中含有更多钙、锌和维生素A，经常给宝贝食用，既可为宝贝的眼睛"充电"，也对大脑及骨骼、牙齿发育有益。

原料

去骨刺新鲜鱼肉、黄瓜、葱末、鸡精、饺子皮（直径不超过4厘米）、番茄酱各适量。

制作

鱼肉洗净，先用刀背斩成蓉状，黄瓜去皮擦细丝；把鱼肉和黄瓜细丝搅拌在一起，少加上点盐及葱末、鸡精等调成馅，包成小饺子；待蒸熟或煮熟后，蘸上番茄酱食用。

鱼肉小饺子
适合1岁以上的宝贝

蛋皮寿司
适合1岁以上的宝贝

原料

鸡蛋1个,胡萝卜1/4根,洋葱半个,米饭半碗,番茄半个,盐少许。

制作

先调蛋皮1张,并把所有的蔬菜切末;在炒锅中加油炒胡萝卜末和洋葱末,再放入软米饭和番茄,用少许盐调味;平铺蛋皮,把米饭摊在上面,卷好后切成小段即成。

营养小秘诀

蛋皮寿司中突出的益智营养成分是维生素C和胡萝卜素,加上鸡蛋中卵磷脂和固醇类物质,可促进大脑细胞的发育。

营养小秘诀

色泽奶白，香甜脆嫩，具有补中益气的作用，并可以帮助宝贝消除暑气。

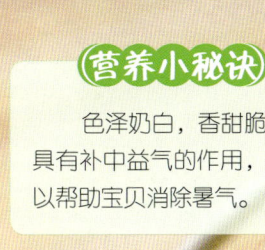

原料

山药200克，新鲜菠萝100克，香蕉2根，苹果100克，梨100克，白糖少许，沙拉酱100克。

制作

先将菠萝、苹果、梨、香蕉、山药去皮，然后均切成小碎丁放在盘中；锅里加水烧开，下入山药丁，待焯熟后捞出，用凉开水冲一下并沥干水分；将山药丁放在水果丁上，调入沙拉酱及少许白糖即成。

山药水果沙拉

适合1岁以上的宝贝

玉米饼蔬菜沙拉
适合1岁以上的宝贝

原料

玉米面饼15克,绿叶蔬菜25克,软奶酪15克,盐、糖。

制作

将玉米面饼切小丁,绿叶蔬菜切碎;加软奶酪、盐、糖拌匀。

营养小秘诀

这款食物既可为宝贝补充核黄素,又有助于维生素C的摄取,可起到预防口角炎的作用。

营养专家·小贴士

蔬菜摄入不足&"情绪不稳定儿童"

专家在调查中发现,不喜欢吃蔬菜的孩子,平时总是动来动去,很难安静下来,他们将这种孩子称为"情绪不稳定儿童"。这些孩子大多都有偏食的习惯,而不喜欢吃蔬菜的儿童往往咬合力较弱,龋齿也较多,不能用力咀嚼。其实,儿童通过咀嚼可缓和紧张、焦虑的情绪。

不喜欢吃蔬菜的孩子,一般无法摄取到足够的钾,由此影响钠的排泄,导致多余的钠残留在体内。而钠在体内过多也是引发焦虑、情绪不稳定的一个因素。专家向父母们建议,要注意吸引孩子多吃一些蔬菜,帮助他们的身体摄取足够的钾,排出多余的钠,以减少焦虑情绪,促进生长发育。

原料

白菜花、绿菜花各25克，虾仁10克，酱油、盐、植物油各适量。

制作

先将菜花煮熟、切碎；再将虾仁切碎粒、加酱油；在锅里倒入少许植物油，烧至七八成热后，把虾仁炒熟；最后加入菜花，加盐炒匀即可。

白绿菜花虾粒
适合1岁以上的宝贝

奶香玉米饼
适合1岁以上的宝贝

原料

面粉100克，新鲜玉米2根，奶油40克，蛋黄2只，芝麻3克，瓜子仁2克，盐2克或糖5克，红色菜粉1包。

制作

将玉米粒与上述材料拌匀成糊状，如果玉米的水分不多，可加适量水搅成糊状；糊倒在平底锅里，上面撒些芝麻、瓜子仁，最后撒上红色菜粉，煎熟即可。

营养小秘诀

鸡蛋是营养丰富的食品，玉米中所含的胡萝卜素，被人体吸收后能转化为维生素A，营养价值很高。红色蔬菜富含维生素A、维生素C，能帮助完善宝贝的胃肠道消化功能及促进视力发育。

原料

鸡蛋1个,鲜虾50克,沙拉酱适量。

制作

鸡蛋煮熟,去壳切成鸡蛋粒;鲜虾洗净、去壳和泥肠,用沸水将虾肉焯熟,剁成泥;将蛋粒和虾泥和在一起,加入沙拉酱拌匀即可。

营养小秘诀

鸡蛋含有丰富的核黄素,以及优质蛋白质和其他矿物质,可为宝贝很好地补充核黄素。

鲜虾沙拉蛋
适合1岁以上的宝贝

五彩鲜果串
适合1岁以上的宝贝

原料

取桃、西瓜、伊丽莎白瓜、青苹果、菠萝等各色水果、水果签数枚、炼乳、儿童蜂蜜各少许。

制作

将各色水果切成小丁，用水果签串好；把炼乳和蜂蜜调成酱，在每个水果串上滴几滴，不宜太厚，让香甜的炼乳和蜂蜜的味道与水果的清香口味相得益彰。

营养小秘诀

色彩不同的各种水果做出的水果点心，绚丽的色彩不仅调动宝贝的食欲，而且还能预防便秘，宝贝一定会吃得特别开心！

番茄蛋片
适合1岁以上的宝贝

原料

番茄50克，鸡蛋2个，黑木耳、油、盐、水淀粉、芝麻油适量。

制作

将鸡蛋打散加入少许水淀粉拌匀，上火蒸成蛋羹后取出，切成片；番茄切成小块；炒锅放入少许油烧热，放入番茄煸炒片刻，再放入蛋片、黑木耳，加盐翻炒片刻后用水淀粉勾芡，淋少许芝麻油即成。

营养小秘诀

此菜肴色泽艳丽，口味鲜美，番茄独有的酸味会使宝贝的胃口大开，蛋羹也非常易于消化吸收，加之又搭配了各种辅料，使菜肴变得营养更丰富，能够满足宝贝对优质蛋白的需求。

儿童时期多吃水果可防成年后患癌

营养专家小贴士

英国医学的一项研究表明，在儿童时期喜欢吃水果的人，在成年后患某些癌症的概率就会下降。这项研究是世界上首次调查儿童时期水果和蔬菜的摄入量，与成年人患癌风险之间的关联。

专家们在研究中，对数千名成年男女进行了调查。结果发现，儿童时期吃水果多的成年人，他们很少会患肺癌、肠癌及乳腺癌。因为，水果中富含可以防止细胞老化的抗氧化剂及多种维生素，这些营养物质都能防止基因发生变化，从而防止癌症发生。同时，研究专家还发现，多吃水果除了减少癌症的患病率外，还能降低各种原因引起的死亡率。但目前还没有找到任何证据表明单独的抗氧化物，如维生素C、维生素E和β胡萝卜素等，能像水果那样具有防癌的作用。

土豆擦擦
适合1岁以上的宝贝

原料

土豆，面粉，香菇，虾皮，青菜，肉末等。

制作

土豆去皮、擦丝，裹薄薄的面糊后蒸熟；香菇泡软、切末，青菜洗净、切碎；将肉末、香菇末、青菜碎炒熟后下入土豆擦擦，加盐、糖、香油等调味即可。

营养小秘诀

土豆本身就是一道营养均衡的饮食了，其中的淀粉比米饭和面食更容易消化，所以很适合给刚添加辅食不久的宝贝食用。

原料

瘦肉末15克，鸡蛋1个，番茄50克。

制作

先将瘦肉末中加少许盐、拌好；再将番茄切碎丁；把瘦肉末与鸡蛋打匀后，平底锅中加底油，用葱花炝锅，倒入蛋液摊熟，下入番茄碎丁翻炒至熟即可。

肉末番茄蛋
适合1岁以上的宝贝

营养小秘诀

这道菜肴中富含优质蛋白质，便于宝贝消化吸收，寒冷时不仅有助于身体保温，还可增强抗病力。

奶味鸡肝

适合1岁以上的宝贝

原料

鸡肝25克,奶油1/4杯,番茄沙司半杯,面包1片。

制作

将鸡肝切小块,面包去掉外面的硬皮;鸡肝块中加入奶油、搅拌均匀,均匀撒在面包片上,上笼蒸20分钟左右,取出后淋上番茄沙司即可食用。

营养小秘诀

这道菜肴吃到嘴里就化,很好消化吸收,而且富含多种营养素。

番茄鱼柳
适合1岁以上的宝贝

原料

三文鱼50克，鸡蛋1枚，上汤20毫升，番茄酱10克，糖少许。

制作

将三文鱼切细条，用鸡蛋清、盐煨好，中火放入温油中煎至八成熟；用少量底油炒番茄酱，加两汤匙上汤，用糖调味，后将煎好的鱼条下锅裹匀，出锅即可。

营养小秘诀

这样制作的三文鱼酸甜可口，香而不腻，软烂无骨，非常适合宝贝的口味。

蛋花鱼
适合1岁以上的宝贝

原料

三文鱼半两,鸡蛋1个,豆腐100克,糖、姜丝等适量。

制作

将鱼蒸熟刮取半两鱼泥(注意剔除小刺),用姜丝、酱油、糖和少许植物油拌匀;鸡蛋去壳搅匀;用适量水加少许盐把豆腐煮熟,然后加入腌制好的鱼泥,略煮后撒蛋花,煮熟便成。

营养小秘诀

这道菜肴中不仅富含钙,而且还富含不饱和脂肪及优质蛋白质,营养比例搭配合理,既有助于补钙,还可以提供更丰富均衡的营养。

营养专家小贴士

多吃蔬菜也能帮身体补钙

牛奶中的磷含量相当高,以致钙磷比例不适当。钙磷比例不合适便会影响钙在体内的吸收。蔬菜中的钙虽然没有牛奶那么高,并易受到植酸或草酸的影响而减少在肠道的吸收率,但人体对有些蔬菜的钙吸收甚至高于牛奶,如芥菜、黄豆芽菜等。因此,一些不习惯喝牛奶的宝宝,他们身体所需的钙也可以通过蔬菜补充一些。

清蒸豆腐丸子
适合1岁以上的宝贝

原料

豆腐50克，生蛋黄1个，葱末及盐少许。

制作

豆腐压成泥，生蛋黄打到碗里搅匀，混入豆腐泥；加葱末及少许盐拌匀，揉成豆腐小丸子，上锅蒸熟即成。

营养小秘诀

豆腐不仅含钙丰富，蛋白质的含量也很高，还富含8种人体必需的氨基酸，以及动物性食物缺乏的不饱和脂肪酸、卵磷脂等。但豆腐所含的大豆蛋白缺少一种人体必需的氨基酸——蛋氨酸，单独食用时蛋白质的利用率比较低。如果与鸡蛋搭配，就可使氨基酸的配比保持平衡，营养更充分。

让宝贝不挑食的小妙招

营养专家·小贴士

1. 宝贝和妈咪一起去买菜，如果是豆角，回来后就给宝贝一个择豆角的机会。待饭菜做好后，宝贝会特别关注有自己参与的这顿饭，他会为自己能帮妈咪做菜感到自豪，因此主动地多吃。

2. 宝贝都喜欢搭积木，吃饭时宝贝每吃一口，妈咪就给他一块积木，这样一来等他吃完，所得到的积木便能搭一座城堡，由此调动宝贝吃饭的积极性。

3. 妈咪可在装有宝贝不喜欢吃的饭菜盘底下，贴上一张宝贝喜欢的粘贴画，然后告诉宝贝，只有把这些饭菜吃光了你才会看到它。为了满足好奇心，尽管眼前的饭菜宝贝不喜欢，但通常也会尽力去吃。

1~3岁的宝贝，容易形成挑食、偏食的不良饮食习惯，如果膳食纤维摄入不足，很容易发生便秘，从而影响食欲。当宝贝发生便秘时，妈咪可以试着给宝贝做做以下推荐的菜肴，有助于纠正宝贝的便秘不适。

胡萝卜鱼丸汤

适合1岁半以上的宝贝

原料

鱼肉100克,土豆、胡萝卜、海带清汤各适量,淀粉、盐各少许。

制作

将鱼肉剖开剔除鱼刺、剁碎,与淀粉及少许盐和在一起搅拌,制成鱼丸;将土豆、胡萝卜切小碎块,加海带清汤一起煮;蔬菜煮烂后,再放入鱼丸一同煮熟即可。

营养小秘诀

鱼肉能给宝贝提供身体所需的优质蛋白质,与富含各种维生素和矿物质的其他几种蔬菜搭配,可以满足宝贝在冬天对营养的特有需求,同时还可以暖身。

芙蓉鱼羹
适合1岁半以上的宝贝

原料
蛋清2份（2个鸡蛋的蛋清），去刺鱼肉1份，核桃仁适量，盐少许。

制作
先将蛋清打散，加入少许盐搅匀；再将核桃仁弄成碎末；鱼肉用刀背剁成泥，倒入蛋清搅匀；锅内放适量水烧开，撒入蛋清，出锅后撒上核桃仁末即成。

小提醒
核桃、鱼肉虽然营养丰富，很适合宝贝的营养需要，但很多宝贝不爱吃。如果做成鱼羹，味道非常好，相信会赚足宝贝的口水。

玉米排骨粥
适合1岁半以上的宝贝

原料

玉米粒20克，排骨50克，大米粥1碗，各种调味料少许。

制作

玉米粒剁碎，排骨剁小块；锅内放粥加水，大火煮开，放入玉米碎、排骨块，加入各种调味料，用小火煮烂即成。

营养小秘诀

排骨不仅可为宝贝补充优质蛋白质，还可补充钙、磷等矿物质。而且，玉米的粗纤维含量比较高，有助于促进肠胃蠕动，防止宝贝发生便秘。

原料

番茄1个，山药30克，白糖、菠菜汁适量。

制作

先将番茄去蒂、洗净，从上向下多瓣切开，但不要切到底；然后用手掰成荷花状，放在盘里；再将山药去皮洗净，放在开水里煮熟，捞出后晾凉，切成黄豆般大小的粒，在荷花里摆放几粒；最后，将白糖均匀地撒在荷花上即成。

番茄荷花
适合1岁半以上的宝贝

营养小秘诀

番茄富含丰富的维生素，有助于缓解夏季口舌生疮、热病后口渴及食欲不振等不适，是夏季保健佳品。

奶酪胡萝卜沙拉
适合1岁半以上的宝贝

原料

胡萝卜25克,苹果20克,葡萄干5克,奶酪10克,蜂蜜少许。

制作

将葡萄干用温水浸泡至软,苹果和胡萝卜擦碎;将奶酪与葡萄干混合,加少许蜂蜜调匀,浇在苹果、胡萝卜碎丝上即可。

营养小秘诀

用细擦网擦出的胡萝卜丝和苹果丝不仅在质地上适合小宝贝,还能最大限度地保留鲜果的营养,所富含的果胶、维生素、胡萝卜素是宝贝不可或缺的营养。

虾末菜花
适合1岁半以上的宝贝

 原料

白菜花、绿菜花各25克，虾仁10克。

 制作

先将菜花煮熟软后切碎；然后将虾仁切碎后加酱油、盐略炒至熟；最后加入菜花拌匀即可。

营养小秘诀

菜花中的维生素C含量很丰富，加之虾仁富含维生素A和优质蛋白，可以为宝贝很好地补充必需的营养。

奶香缤纷煎蛋
适合1岁以上的宝贝

原料

番茄半个,菠菜1棵,鸡蛋1个,牛奶20克,土豆泥10克,洋葱末10克,盐少许。

制作

番茄用热水烫过去皮、切碎;菠菜洗净,在热水中焯一下、切段;鸡蛋在碗里打散,加牛奶搅拌均匀;在平底锅里放少量植物油加热,下入土豆泥、菠菜段、洋葱末、番茄末;炒出香味后加盐调味,然后把鸡蛋液倒入,煎熟即可。

营养小秘诀

菠菜富含维生素A,搭配上番茄、土豆、鸡蛋、牛奶等,可以使宝贝摄取多种营养素。

营养专家小·贴士   **宝贝缺了维生素A会怎样**

维生素A在人体内主要的功用是与蛋白合成多种酶,参加人体新陈代谢,以促进生长、生殖及骨骼和牙齿的发育,维持皮肤表皮功能完整。

维生素A缺乏是宝贝常见的营养缺乏症之一,可见于各个年龄组的宝贝,尤其是添加辅食阶段的宝贝。宝贝缺了维生素A,不仅影响视力发育,还会生长速度变慢,经常感冒、腹泻,所以,妈咪一定要注意为宝贝食补呦!

鲜奶鱼丁
适合1岁半以上的宝贝

原料

净青鱼肉150克,蛋清1只,精制油、盐、糖、味精各少许,葱姜水、鲜奶及水淀粉适量。

制作

将鱼肉制成鱼蓉,放入葱姜水、盐、味精、蛋清及水淀粉,搅拌均匀后,放入盆中上笼蒸熟,取出后切成丁状待用;取干净炒锅,加少许清水及鲜奶,烧开后加少许盐、白糖,然后放入鱼丁,烧开后用水淀粉勾芡,淋少许熟精制油即可装盘食用。

营养小秘诀

将鱼肉制成鱼糕后烹制的菜肴,可免除低龄宝贝容易被鱼刺哽喉的危险,且奶香味十足;鱼丁鲜嫩,色泽白洁,十分吸引宝贝,而且尤其容易使营养成分充分地消化吸收。

酥炸肝末

适合1岁半以上的宝贝

原料

鸡肝、鸡蛋、姜汁、生抽、生粉、油、盐等各适量。

制作

鸡肝切碎丁，用调味料腌一腌入味，用生粉、蛋黄拌成蛋浆；将鸡肝碎丁蘸蛋浆后，下入滚油炸一炸，要不时地把粘在一起的碎丁拨开，只需两三分钟即熟，不要炸得过硬。

营养小秘诀

鸡肝富含维生素A，是营养眼睛的必需营养素，如果在饮食上注意安排，可以促进宝贝的视力发育。而且酥炸方法能改善鸡肝的味道，宝贝一定会喜欢！

鸭蛋蛎肉

适合1岁半以上的宝贝

原料

蛎肉75克,鸭蛋1个,冬笋10克,水发香菇10克,少许猪肥膘肉及适量料酒、酱油、葱白、干淀粉、香油、花生油适量。

制作

将蛎肉泡软切小丁;肥膘肉切小丁,冬笋、香菇、葱白切成小片;鸭蛋打散,调入酱油、干淀粉,加入蛎肉丁、肥膘丁和冬笋、香菇、葱白等拌匀;锅里放花生油烧热,加入拌好的蛎肉等料,用炒勺压成饼状,两面煎成金黄色后淋上料酒、香油即成。

营养小秘诀

蛎肉及蛋类都含有较为丰富的锌,经常食用可以预防宝贝身体缺锌。

美味野兔肉
适合1岁半以上的宝贝

原料

野兔肉250克，香菇、木耳、葱、姜、味精、酱油、料酒、大料、精盐少许。

制作

将兔肉切成小块，锅内放少许植物油，烧热后将兔肉放入，炒至变色，同时放一些酱油及少许料酒、大料，加入清水微火慢炖；炖熟后加香菇、木耳、姜、葱、盐即可。

营养小秘诀

野兔肉含有大量的脂质，而这些脂质大多是大脑发育所必需的不饱和脂肪酸，同时还含有大量的钙质，因而具有非常好的健脑作用，并且味美，很受小宝贝的喜爱。

第六章

2岁以上
让宝宝好好吃饭

营养小秘诀

芒果和杏的果肉,很适合宝贝食用,做成甜糯的凉糕,既清凉开胃,又解暑通便。

果泥凉糕
适合2岁以上的宝贝

原料

糯米100克,豆沙、芒果及熟杏适量。

制作

先把芒果及熟杏肉取出,搅拌在一起成果肉泥;把糯米洗净,加上1份水上屉蒸熟;稍凉后用手搓成半颗粒状,摊平、晾凉;再将熟糯米擀成1厘米厚的片,抹一层豆沙,再抹一层果肉泥;将糯米片对折、切成小块,表面可点缀小果肉。

酸甜小肉丸
适合2岁以上的宝贝

原料

肥瘦猪肉末300克，面包屑50克，鸡蛋1个，植物油、水淀粉、番茄酱、盐、醋、香油、料酒、姜末各适量。

制作

先把肉末放入盆里，打入鸡蛋，加入面包屑、番茄酱、料酒、盐、水淀粉和姜末搅匀；将调好的肉末挤成小肉丸，放在温热的油锅里炸成金黄色、捞出；炒锅里留少许底油，下入番茄酱炒一下，再放入盐、醋、料酒，放清水烧开，用水淀粉勾芡，倒入炸好的小肉丸，待小肉丸蘸满芡汁后，淋入香油即成。

小提醒

小肉丸酸香适口，一般很合小宝贝的口味。当小宝贝食欲不佳时，可以用这道菜肴吸引宝贝。

青椒鱼仁
适合2岁以上的宝贝

原料

鱼肉、青椒、蛋清、葱姜等调味料各适量。

制作

鱼肉切绿豆大小的粒状,加精盐、蛋清、淀粉搅拌,青椒也切小粒;加油烧至三成热,滑鱼仁,再滑青椒、沥油;留底油煸葱姜、烹料酒,加上汤和盐调味,再加入鱼仁和青椒,勾芡。

营养小秘诀

青椒中不仅富含维生素C,而且还可作为一种抗氧化营养素在肠道中保全维生素A。青椒与鱼仁搭配在一起,可以增加美味,吸引宝贝的胃口。

清暑优酪乳
适合2岁以上的宝贝

原料

圣女果10个，小黄瓜1条，胡萝卜半根，原味优酪乳1杯，绿豆芽少许。

制作

先将所有的蔬菜清洗干净，然后将小番茄、小黄瓜、胡萝卜切小片，绿豆芽切小段；胡萝卜片、绿豆芽段用开水焯熟、捞出、沥去水分；将所有蔬菜放在一个盘子里，倒入原味优酪乳即成。

营养小秘诀

各种蔬菜既可为宝贝补充丰富的维生素C，又可帮助消热清暑。

宝贝夏季喂养要点

营养专家小贴士

1. 每天给宝贝吃的食物要注意不要太甜、太油腻。
2. 鱼宜清炖，做菜时少用些油，最好多用些醋。
3. 多变换品种，从色、香、味和外观上吸引宝贝，增加食欲。每天进餐注意采取少量多餐的原则，这样既有助于消化，又可使营养吸收完全。
4. 需要特别注意的是，一定要保证食物的卫生，宝贝消化道的抵抗力比成人弱，夏季更要避免引起急性胃肠炎或菌痢。
5. 饮食要清淡，少量多餐，注意吸引宝贝的进餐兴趣。

番茄沙拉
适合2岁以上的宝贝

原料

新鲜番茄1个，小黄瓜1条，任意水果（如火龙果）1个，适量沙拉酱。

制作

先将所有的原料彻底清洗干净，然后均去皮；再将番茄、火龙果切成小碎块，黄瓜切成细丝；将番茄和火龙果的小碎块和黄瓜细丝放在一起，淋上沙拉酱即成。

营养小秘诀

此沙拉可为宝贝补充丰富的维生素C、维生素A。

原料

胖头鱼鱼头1个，香菇、虾仁、鸡肉适量。

制作

先将鱼头去鳃、洗净；虾仁、香菇切碎，鸡肉切小丁；将鱼头及各种配料一同放入锅里，用清水小火熬煮，直至熟；然后加香菇、葱、姜、盐、鸡精等调料即成。

美味鱼头汤
适合2岁以上的宝贝

营养小秘诀

胖头鱼富含大量的DHA，对宝贝的大脑发育十分有益，还可帮助增强记忆力。

番茄肉末蛋

适合2岁以上的宝贝

原料

番茄100克,瘦肉末15克,鸡蛋1个。

制作

将瘦肉末用盐拌好,炒熟;番茄切碎丁;鸡蛋打匀,拌入熟肉末和番茄丁,搅拌均匀;平底锅中加底油,用葱花炝锅,倒入蛋液摊熟。切成好看的形状盛盘。

营养小秘诀

这道菜肴富含优质蛋白质,能够满足宝贝快速发育的需求,而且添加了肉末,味道更香,宝贝会更喜欢。

鳝鱼火腿丝

适合2岁以上的宝贝

原料

去骨鳝鱼肉50克，火腿丝10克，盐、淀粉、葱姜等调味料。

制作

鳝鱼肉切细丝，加盐、湿淀粉浆匀；炒勺内加油，上火烧至六成热，下入火腿丝，拨散，捞出控油；留底油少许，用葱、蒜、姜丝炝锅，把滑好的鳝丝倒入，加火腿和芡汁，略炒即可。

营养小秘诀

鳝鱼是鱼类中的核黄素之王，这道菜含有的核黄素几乎可满足宝贝一天的需要量。而且，鳝鱼肉质细嫩，易剔除骨刺，很适合小宝贝食用。

肉末番茄
适合2岁以上的宝贝

原料

瘦猪肉200克,番茄1个,粉皮250克,植物油、酱油、盐、葱末、姜末适量。

制作

先将瘦猪肉洗净、剁成碎末;再将番茄洗净,用开水烫一下,去皮去子切小片;粉皮洗净后切小片;在锅里倒入植物油,烧热后下入葱末、姜末炒,再将肉末放入炒散,然后加入酱油、盐略炒,再放入番茄炒几下后放入粉皮,以急火快炒几下即成。

营养小秘诀

猪肉中富含蛋白质、脂肪、维生素及多种微量元素,特别是富含锌,是宝贝智力发育的重要营养素。

营养小秘诀

虾仁中含有较多的维生素A，做成汤面不仅口味鲜美，还有助于增强呼吸道的抵抗力，防止呼吸道感染。

鲜鲜虾丸面
适合2岁以上的宝贝

原料

虾仁4只，瘦肉馅1勺，儿童面条25克，黄瓜、葱姜、盐、蛋清等。

制作

先将虾仁清洗干净，加少许料酒和盐搅拌匀后，用水冲洗；再将虾仁剁碎，与肉馅、蛋清搅拌在一起，加少量盐、淀粉，顺时针方向搅成泥状；锅里清水烧开，在沸水中氽入小虾丸，下入面条一起煮，锅开后加菜料，并用盐调味。

提醒妈咪！不宜给3岁以下的宝贝饮茶

营养专家·小贴士

人们一向认为，饮茶既可强体又可防病，但这种认为只适宜于成人及大孩子。因为，茶中含有大量鞣酸，可干扰人体对食物中蛋白质及钙、锌、铁等矿物元素的吸收，导致婴幼儿缺乏蛋白质和矿物质元素，从而影响正常的生长发育。

另外，茶叶中的咖啡因，对宝贝的大脑也是一种刺激素，容易引起大脑过度兴奋，进而又可能增大诱发多动症的几率。3岁以后，宝贝的神经系统和消化系统功能逐渐增强了，加之能够摄取的营养更为广泛，足以抵消不良影响，因此可以适当地饮用一些淡茶。

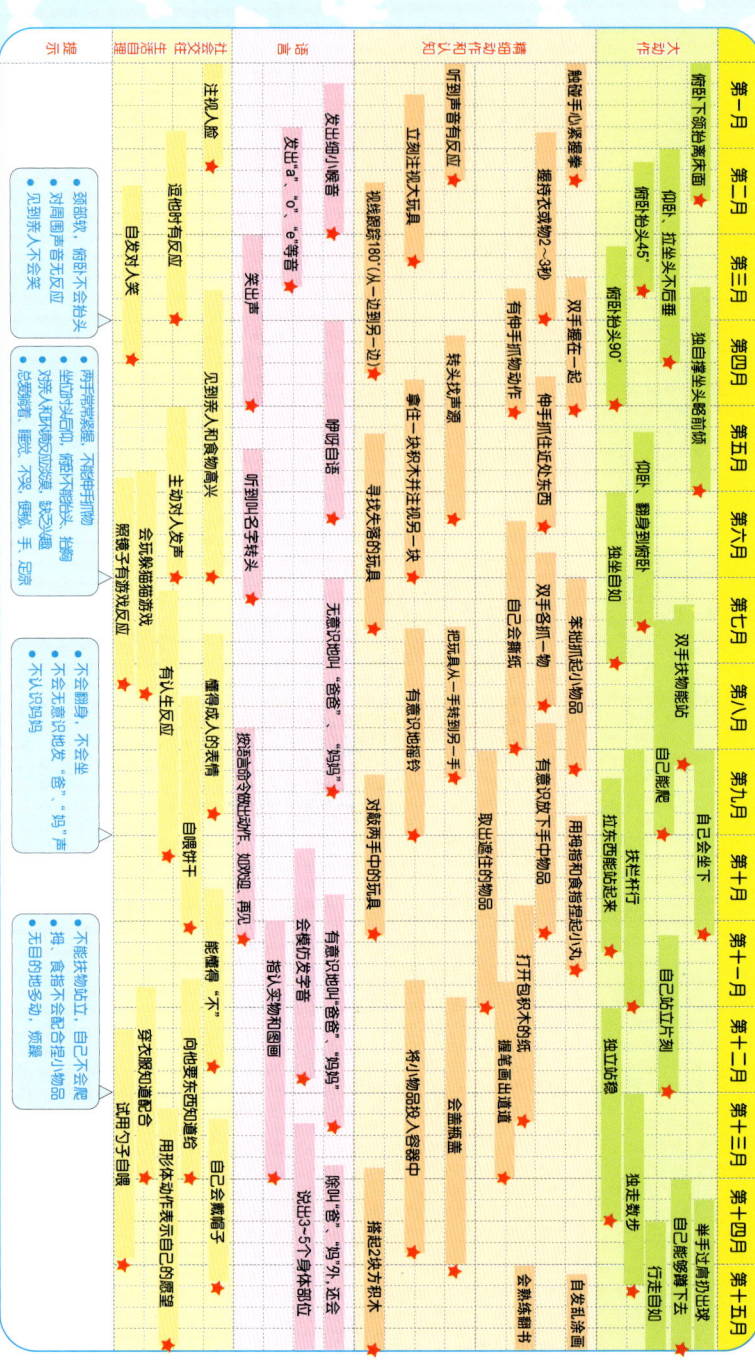

儿童生长发育量表

月 龄	体重（公斤）		身高（厘米）	
	男	女	男	女
出生	2.1-5.0	2.0-4.8	44.2-55.6	43.6-54.7
1个月	2.9-6.6	2.7-6.2	48.9-60.6	47.8-59.5
2个月	3.8-8.0	3.4-7.5	52.4-64.4	51.0-63.2
3个月	4.4-9.0	4.0-8.5	55.3-67.6	53.5-66.1
4个月	4.9-9.7	4.4-9.3	57.6-70.1	55.6-68.6
5个月	5.3-10.4	4.8-10.0	59.6-72.2	57.4-70.7
6个月	5.7-10.9	5.1-10.6	61.2-74.0	58.9-72.5
8个月	6.2-11.9	5.6-11.6	64.0-77.2	61.7-75.8
10个月	6.6-12.7	5.9-12.4	66.4-80.1	64.1-78.9
12个月	6.9-13.3	6.3-13.1	68.6-82.9	66.3-81.7
15个月	7.4-14.3	6.7-14.1	71.6-86.7	69.3-85.7
18个月	7.8-15.3	7.2-15.1	74.2-90.4	72.0-89.4
24个月	8.6-17.1	8.1-17.0	78.7-97.0	76.7-96.1

摘自《世界卫生组织儿童体重和身高评估标准》2006

微量元素检测表

检测项目	正常参考范围			缺乏易产生的病症	对应丰富来源食物
	头发(微克/克)	血液(微克/毫升)	尿液(微克/升)		
铜	>5	0.8~2.0	-	贫血、发育迟缓、智力低下、高血脂症	口蘑、芝麻酱、核桃、肝、海米等
锌	>110	6~15	-	厌食症、脱发、智力低下、青春期痤疮	牛肉、肝、米花糖、面筋、口蘑
铁	>30	300~500	-	贫血、厌食、免疫力减弱、易患恶性循环肿瘤	肝、鱼粉、黄豆粉、可可粉、黑木耳
钙	儿童>350 成人>800	50~80	-	骨软化症、高血症、血管硬化	芝麻酱、虾皮、大豆粉、干酪、牛奶
镁	>30	25~50	-	抽搐、高血脂症、白血症、心血管病	燕麦片、小米、虾皮、黄豆
碘	0.4~0.8	-	100	甲状腺肿大、智力低下等	碘盐、海带、紫菜、虾类、海鱼
铅	<11	0.1	-	超标易导致贫血、多动症、智力低下等	牛奶、海带、有助排铅

图书在版编目（CIP）数据

宝贝健康喂养计划/《妈咪宝贝》杂志社编. —北京：中国妇女出版社，2011.1

ISBN 978 - 7 - 5127 - 0152 - 6

Ⅰ.①宝… Ⅱ.①妈… Ⅲ.①婴幼儿—保健—食谱 Ⅳ.①TS972.162

中国版本图书馆 CIP 数据核字（2010）第 233599 号

宝贝健康喂养计划

作　　者：	《妈咪宝贝》杂志社　编
责任编辑：	刘　冬
封面设计：	吴晓莉
责任印制：	王卫东
出　　版：	中国妇女出版社出版发行
地　　址：	北京东城区史家胡同甲 24 号　邮政编码：100010
电　　话：	（010）65133160（发行部）　65133161（邮购）
网　　址：	www.womenbooks.com.cn
经　　销：	各地新华书店
印　　刷：	北京京都六环印刷厂
开　　本：	188×210　1/16
印　　张：	6
字　　数：	80 千字
版　　次：	2011 年 1 月第 1 版
印　　次：	2011 年 1 月第 1 次
书　　号：	ISBN 978 - 7 - 5127 - 0152 - 6
定　　价：	24.80 元

版权所有·侵权必究　　（如有印装错误，请与发行部联系）